ABHANDLUNGEN DER DEUTSCHEN AKADEMIE
DER WISSENSCHAFTEN ZU BERLIN

Klasse für Mathematik, Physik und Technik

Jahrgang 1958, Nr. 3

ALFRED JANTE

ENTWICKLUNGSPROBLEME DER KRAFTFAHRZEUGMOTOREN

Mitteilungen der Sektion für Maschinenbau

AKADEMIE-VERLAG · BERLIN

1958

Vorgetragen auf der 11. Sitzung 1957 der Sektion für Maschinenbau am 13. November 1957
Vorgelegt von Hrn. Jante in der Gesamtsitzung vom 5. Dezember 1957
Zum Druck genehmigt am gleichen Tage, ausgegeben am 30. Juni 1958

Erschienen im Akademie-Verlag GmbH, Berlin W 8, Mohrenstraße 39
Lizenz-Nr. 202 · 100/440/58

Satz und Druck: IV/2/14 · VEB Werkdruck Gräfenhainichen · 891
Bestell- und Verlagsnummer: 2001/58/I/3
Preis: DM 6,80
Printed in Germany

INHALT

1. DER KENNLINIENVERLAUF

1. 1 *Das Fahrleistungsgleichgewicht*

Die Fahrzeugmotoren haben im Rahmen ihrer Leistung die Fahrwiderstände der Fahrzeuge zu überwinden, um so jeden gewünschten der erreichbaren Fahrzustände zu ermöglichen. Während die stationären Motoren in Kraftwerken ihre Leistung praktisch nur bei konstanter Drehzahl abzugeben haben, müssen die Fahrzeugmotoren in einem weiten Drehzahl- und Belastungsbereich arbeiten.

Die zu überwindenden Fahrwiderstände W können allgemein durch die Gleichung

$$W = a + c \cdot v^2 \tag{1}$$

ausgedrückt werden [1]. In dem geschwindigkeitsunabhängigen Glied a wird neben dem Rollwiderstand der Steigungswiderstand erfaßt, so daß sich a je nach Straßensteigung ändert und entsprechend große Werte annehmen kann. Das mit der Geschwindigkeit v quadratisch ansteigende Glied $c \cdot v^2$ wird hauptsächlich durch den Luftwiderstand bestimmt, womit sich darin c als konstant ergibt. Die verschiedenen, sich mit Gleichung (1) ergebenden Fahrwiderstände werden also durch eine Kurvenschar dargestellt, die sich zwar in der Größe des geschwindigkeitsunabhängigen Gliedes a unterscheiden, dem dann aber immer dieselbe $c \cdot v^2$-Parabel überlagert ist. In Abb. 1 ist diese Kurvenschar dargestellt. An Stelle der Fahrgeschwindigkeit v ist die ihr proportionale Kupplungsdrehzahl n als Abszisse und das dem Fahrwiderstand proportionale Kupplungsdrehmoment M_d als Ordinate aufgetragen.

Der Antriebsmotor muß nun ein Drehmoment abgeben, und damit das Gleichgewicht zwischen Antrieb und Widerständen an der Kupplung herstellen. Der Verlauf der Motorenkennlinie oder des maximalen Drehmomentes über der Drehzahl kann vom Motorenbauer in gewissen Grenzen nach Wunsch beeinflußt werden [2]. Beispielsweise sind in Abb. 1 noch zwei Motorenkennlinien gestrichelt eingetragen. Es ergibt sich daraus die Frage, welcher Verlauf den Vorzug verdient.

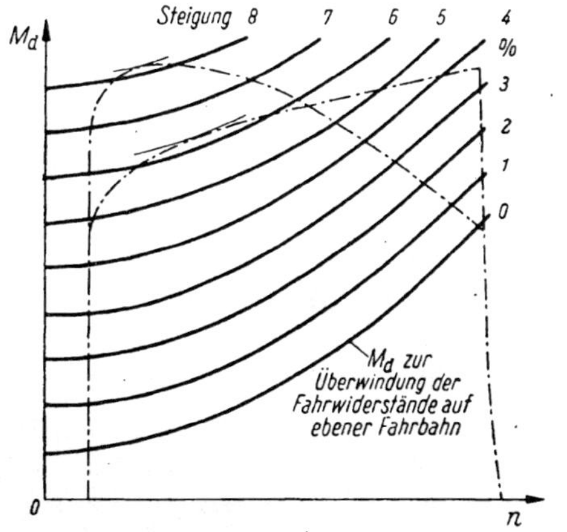

Abb. 1. Drehmomente der Fahrwiderstände —— und von 2 verschiedenen Motoren - · - ·

Verfolgt man dazu, von der Höchstgeschwindigkeit auf ebener Fahrbahn ausgehend, die Auswirkung allmählich zunehmender Straßensteigung, so erkennt man, daß die mit fallender Drehzahl ansteigende Drehmomenten-Kurve immer wieder in stabilem Gleichgewicht mit den Fahrwiderständen sein wird, bis schließlich die Fahrwiderstandskurven die Motorenkennlinie tangieren und in diesem Punkt die Grenze des möglichen Gleichgewichts angeben. Während die mit steigender Drehzahl abfallende Motoren-Kennlinie wegen ihrer fast senkrechten Schnitte mit den Fahrwiderstandslinien jeweils stabile Gleichgewichtszustände ergibt, so folgen die Schnitte der mit der Drehzahl ansteigenden Kennlinie schon unter spitzerem Winkel. Es kann zwar bei Höchstgeschwindigkeit hier noch eine Steigung von etwa 3,5% überwunden werden, jedoch ist dann nur noch ein Anwachsen der Steigung um weniger als weitere 3% auf 6,3% möglich, bis weitere stationäre Fahrzustände unmöglich werden. Demgegenüber erreicht die fallende Kennlinie nur auf ebener Fahrbahn ihre Höchstgeschwindigkeit, um dann während des Anwachsens der Steigung bis über 8% noch stabile, stationäre Fahrzustände zu ermöglichen. Im Interesse einer stetigen und stabilen Fahrweise ist daher für die Motorenkennlinie ein mit steigender Drehzahl abfallender Verlauf vorzuziehen.

1.2 *Die Beschleunigungsbewerbung*

Soweit der Motor bei einer Drehzahl ein Drehmoment abgeben kann, das größer ist als das des stationären Fahrwiderstandes, kann der Überschuß zum Beschleunigen des Fahrzeuges verwendet werden. Die daraus resultierende Beschleunigungsfähigkeit ist für die Ver-

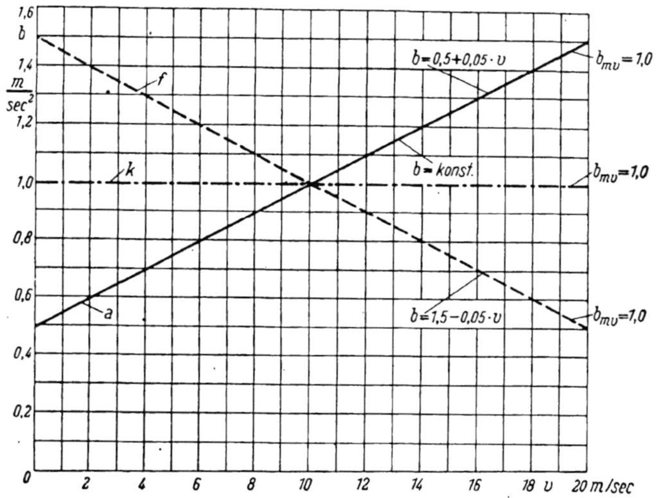

Abb. 2. Drei verschiedene Beschleunigungsverläufe mit gleichem Mittelwert über der Fahrgeschwindigkeit

kehrssicherheit von größter Bedeutung, wird doch die Länge des gefährlichen Überholvorganges [1] wesentlich durch die Beschleunigung bestimmt. Für die Funktion der möglichen Beschleunigung über der Fahrgeschwindigkeit ergibt sich nun wiederum die Frage nach dem optimalen Verlauf. Diese Frage läßt sich zwar für verschiedene Voraussetzungen kinematisch eindeutig beantworten, wird aber z. Z noch in der Antwort verfälscht, weil die Tester die Bewertung der Beschleunigung nur nach der Beschleunigungszeit zwischen zwei Geschwindigkeitsgrenzen allgemein eingeführt haben. Die Zusammenhänge sollen deshalb an einem Beispiel geklärt werden.

Nach Abb. 2 sollen drei verschiedene Beschleunigungsgeraden in ihrer Auswirkung verfolgt werden. Eine Beschleunigungsgerade „a" steigt mit der Fahrgeschwindigkeit v an, die zweite „f" fällt ab und die dritte „k" zeigt konstante Beschleunigung. Über dem im Beispiel zu untersuchenden Geschwindigkeitsintervall von 0 bis 20 m/sek haben alle drei denselben Mittelwert von $b_{mv} = 1$ m/sek². Für die allgemeine Formel des geradlinigen Beschleunigungsverlaufes

$$b = B + c \cdot v \tag{2}$$

ergibt sich der Beschleunigungsweg

(3) $$s = \int_0^v \frac{v \cdot dv}{b} = \frac{v}{c} - \frac{B}{c^2} \cdot \ln \frac{B + c \cdot v}{B}$$

und die Beschleunigungszeit

(4) $$t = \int_0^v \frac{dv}{b} = \frac{1}{c} \cdot \ln \frac{B + c \cdot v}{B}$$

Da diese Formeln für konstante Beschleunigung bzw. $c = 0$ nicht auswertbar sind, so seien für b = konst die bekannten Gleichungen, gültig für $v = 0$ bis v hier ergänzt:

(5) $$s = \frac{v^2}{2 \cdot b} \quad \text{und} \quad t = \frac{v}{b}.$$

Tafel 1

Die drei Beschleunigungsvorgänge nach Abb. 2 und Formeln (2) bis (5)

	a			*f*			*k*		
v	*s*	*t*	*b*	*s*	*t*	*b*	*s*	*t*	*b*
0	0	0	0,5	0	0	1,5	0	0	1,0
2	4	3,7	0,6	1	1,4	1,4	2	2,0	1,0
4	13	6,7	0,7	6	2,9	1,3	8	4,0	1,0
6	26	9,4	0,8	14	4,5	1,2	18	6,0	1,0
8	42	11,8	0,9	26	6,2	1,1	32	8,0	1,0
10	61	13,9	1,0	43	8,1	1,0	50	10,0	1,0
12	82	15,8	1,1	66	10,2	0,9	72	12,0	1,0
14	105	17,5	1,2	97	12,6	0,8	98	14,0	1,0
16	129	19,1	1,3	137	15,2	0,7	128	16,0	1,0
18	154	20,6	1,4	190	18,3	0,6	162	18,0	1.0
20	180	22,0	1,5	259	22,0	0,5	200	20,0	1,0

Tafel 2

Ergebnisse der drei Beschleunigungsvorgänge

Gerade	„*a*"	„*f*"	„*k*"
$b \rightarrow$	ansteigend	fallend	konstant
b_{mv} m/sek²	1,000	1,000	1,00
b_{mt} m/sek²	0,909	0,909	1,00
b_{ms} m/sek²	1,111	0,772	1,00
v_{ms} m/sek	12,100	14,470	13,27
v_{mt} m/sek	8,180	11,780	10,00
V_{mt} km/h	29,400	42,400	36,00
$\frac{2 \cdot v_{mt}}{v_1 + v_2} = \eta_b$	0,820	1,180	1,00
Zeit sek	22,000	22,000	20,00
Weg m	180,000	259,000	200,00

Nach den Gleichungen (3) bis (5) wurden nun die drei Beschleunigungsvoränge berechnet, Tafel 1, und dazu in Abb. 3 die Beschleunigungen über der Zeit und dem Weg aufgetragen. Es zeigt sich, daß die Beschleunigungsmittelwerte jetzt nicht mehr übereinstimmen. Über

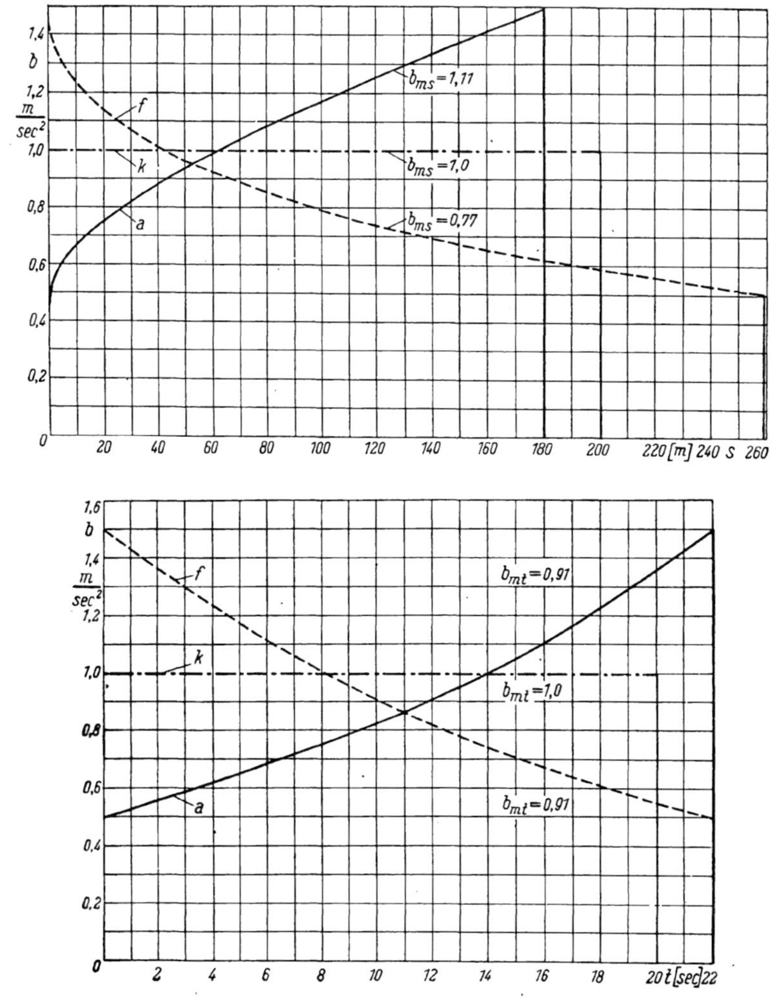

Abb. 3. Die drei Beschleunigungsverläufe über der Zeit t – oben – und über dem Weg s – unten

der Zeit ergibt die konstante Beschleunigung den höchsten Mittelwert, über dem Weg der ansteigende Verlauf. Eine Bewertung nach den Beschleunigungsverläufen erscheint daher nicht möglich. Deshalb seien nun die Kurven der Geschwindigkeit über dem Weg und über der Zeit in Abb. 4 verfolgt. Auch hier zeigen sich Unterschiede in der mittleren Geschwindigkeit, aber Übereinstimmung in der Reihenfolge der drei Fälle.

Von besonderer Bedeutung ist das v, t-Diagramm, weil die Flächen unterhalb der Kurven den zurückgelegten Weg darstellen, da ja

$$s = \int v \cdot dt \text{ ist.} \tag{6}$$

Daraus erkennen wir, daß der Verlauf „f“ in gleicher Zeit den größten Weg zurücklegt, dagegen „k“ zur kürzesten Beschleunigungszeit gehört. Ferner zeigen uns beide Diagramme, daß der Beschleunigungsverlauf „a“ seine Endgeschwindigkeit auf der kürzesten Wegstrecke erreicht. Das wirft die Frage auf:

> „Wonach sollen wir den Beschleunigungsvorgang denn nun bewerten; oder was wollen wir eigentlich erreichen?“.

Nun, wir wollen einen möglichst großen Weg in möglichst kurzer Zeit zurücklegen und müssen deshalb den gesamten Beschleunigungsweg auf die gesamte Beschleunigungszeit beziehen. Die mittlere Geschwindigkeit über der Zeit bedeutet ja, daß die Fläche im v, t-Diagramm durch das Rechteck $v_{mt} \cdot t$ ausgedrückt wird, daß sich also an der Größe der Fläche und damit am gesamten Beschleunigungsweg durch diese Mittelwertsbildung nichts ändert, wie es auch durch die Gleichung (6a) zum Ausdruck kommt:

(6a) $$s = \int_0^t v \cdot dt = v_{mt} \cdot t .$$

Wird nun dieser Beschleunigungsweg $v_{mt} \cdot t$ auf die Beschleunigungszeit t bezogen, so ergibt sich damit die einzige sinnvolle Bewertungsgröße in der mittleren Geschwindigkeit v_{mt} des Beschleunigungsvorganges.

(7) $$v_m = \frac{s}{t} = \frac{v_{mt} \cdot t}{t} = v_{mt} .$$

Damit ist also bewiesen, daß die mittlere Geschwindigkeit über der Zeit die gesuchte objektive Bewertung des Beschleunigungsvorganges ermöglicht.

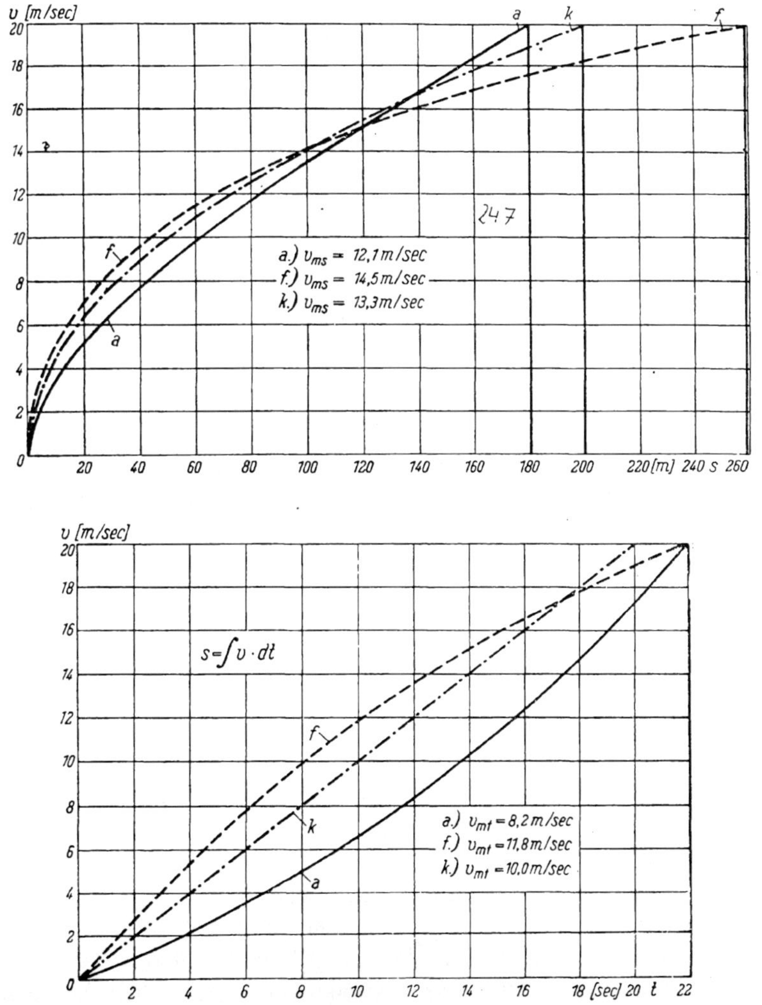

Abb. 4. Für die drei Beschleunigungsvorgänge die Geschwindigkeitsverläufe über dem Weg s – oben – und über der Zeit t – unten

Abb. 5 zeigt uns das Weg-Zeit-Diagramm. Die Nullpunktstrahlen durch die Endpunkte des Beschleunigungsvorganges ergeben die mittleren Geschwindigkeiten v_{mt}, die auf dem Maßstab rechts abgelesen werden können. Da in den Beschleunigungsendpunkten jeweils die gleiche Geschwindigkeit $v = 20$ m/sek erreicht wird, so setzt sich das s, t-Diagramm für unsere drei Fälle dann in parallelen Linien fort. Verlängern wir diese Parallelen zurück bis zum Schnitt mit der Abszisse, so sehen wir, daß vergleichsweise der Wagen „f" zuerst abfährt, „k" rund 1 sek später und „a" nochmals 3 sek danach. Der Wagen „f" hat gegenüber

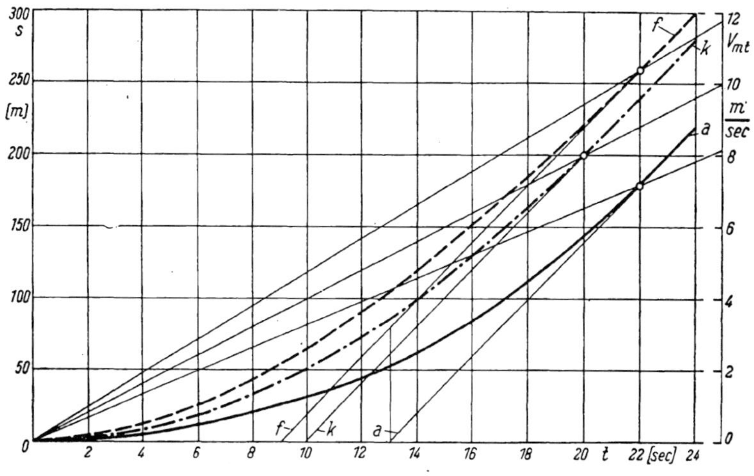

Abb. 5. Weg-Zeit-Diagramm für die drei Beschleunigungsvorgänge

„a" also 4 sek gespart. Auch wenn man gleichzeitigen Start annimmt bei $t = 13$ sek, dann hat Wagen „f" einen Vorsprung von 79 m und „k" 60 m vor „a". Während die Bewertung eines Beschleunigungsvorganges allein durch die effektive mittlere Geschwindigkeit v_{mt} einwandfrei möglich ist, gibt uns die Beschleunigungszeit, die sich bei sogenannten „Testen" eingeführt hat, weil sie am einfachsten zu messen ist, keinen objektiven Vergleich. Außerdem ist diese Messung auch noch mit dem Zeitverzug der Tachometeranzeige belastet, die natürlich auch bei geeichten Tachometern auftritt. Will man einen dimensionslosen Kennwert zur Bewertung eines Beschleunigungsvorganges bilden, so kann man v_{mt} zum algebraischen Mittel des betrachteten Geschwindigkeitsintervalles von v_1 bis v_2 ins Verhältnis setzen. Der Beschleunigungskennwert η_b wird dann

$$\eta_b = \frac{2 \cdot v_{mt}}{v_1 + v_2} \tag{8}$$

In der Taf. 2 sind die einzelnen Mittelwerte und Kennwerte nochmal zusammengefaßt.

Als maßgebend hatten wir den Wert v_{mt} erkannt, der die Reihenfolge der Bewertung unserer Beschleunigungskennlinien, Abb. 2, von „f" über „k" nach „a" ergab, während aus der Beschleunigungszeit der „Tester" eine Überlegenheit des Verlaufes „k" ableiten würde. Wenn auch v_{ms}, der Geschwindigkeitsmittelwert über den Weg, dieselbe Reihenfolge ergibt, so sind doch die Unterschiede absolut und im Verhältnis geringer. Aus den verschiedenen Mittelwerten der Beschleunigung erkannten wir, daß keiner für die Bewertung brauchbar ist, denn in keinem Falle zeigt sich für den Verlauf „f" ein Größtwert. Der Beschleunigungskennwert η_b ist der Bewertungsgröße v_{mt} proportional und deshalb auch ebenso gut brauchbar.

Für die Beschleunigung verdient also auch der stationär stabilere Verlauf der Motorenkennlinie den Vorzug, der mit fallender Drehzahl ansteigt. Es ist daher erklärlich, daß man die entsprechende Motoreigenschaft mit besonderen Bezeichnungen, wie Stabilität, Elastizität oder Geschmeidigkeit versehen hat.

1.3 *Die Bewertung der Elastizität*

Es soll hier jedoch auf die einzelnen Vorschläge zu ihrer Definition und ihre Kritik [3] nicht eingegangen werden. Vielmehr soll die Frage gestellt werden, wie die Elastizität oder Fahrstabilität objektiv zu bewerten ist. Die Antwort soll uns Abb. 6 erleichtern, die uns links zu der oben dargestellten Motorenkennlinie mit konstantem Drehmoment das Normal-Fahrzustandsdiagramm, das NDF zeigt. Im NFD [1] wird über der Fahrgeschwindigkeit V die freie Zugkraft in Prozenten des Wagengewichtes dargestellt. Freie Zugkraft p_f' heißt dabei, daß sie zur Überwindung der straßenabhängigen Fahrwiderstände, Roll- und Steigungswiderstand, sowie zur Beschleunigung frei verfügbar ist, weil die fahrzeugabhängigen Widerstände, Triebwerksverlust und Luftwiderstand, schon vorweg abgezogen wurden.

Wir sehen, daß die Betriebsfelder der einzelnen Getriebegänge eine obere stufenförmige Grenzlinie für die möglichen Fahrbetriebszustände ergeben. Auf der rechten Seite ist oben eine Motorenkennlinie mit abfallendem Drehmoment dargestellt und dazu mit denselben Getriebegängen auch das NFD. Hier zeigt sich ein stetiger Übergang von einem Getriebegang zum anderen. Die obere Gesamtgrenzlinie verläuft praktisch mit der Kurve konstanter Motorleistung (N_e = konst) gleich, die wir auch erhalten würden, wenn wir einen Motor mit konstanter Drehzahl zusammen mit einem idealen, stufenlosen Getriebe benutzen würden. Wir sehen ferner, daß bei dem rechten NFD auch noch mit einem Dreiganggetriebe ein stetiger Grenzkurvenverlauf zu erreichen wäre. Wir erkennen daraus die Idealbedingung, daß sich die einzelnen Getriebegänge in den Bereichen konstanter Leistung wenn nicht überdecken, so doch wenigstens aneinander anschließen sollen. Betrachten wir dazu die Motorenkennlinie rechts oben, so können wir durch den Vollastpunkt bei Höchstdrehzahl n_{max} eine Leistungshyperbel legen, die die Kennlinie bei kleinerer Drehzahl n_k nochmals schneidet. Im Verhältnis $n_{max} : n_k$ ist also der ideale Getriebesprung α_i gegeben, mit dem ein

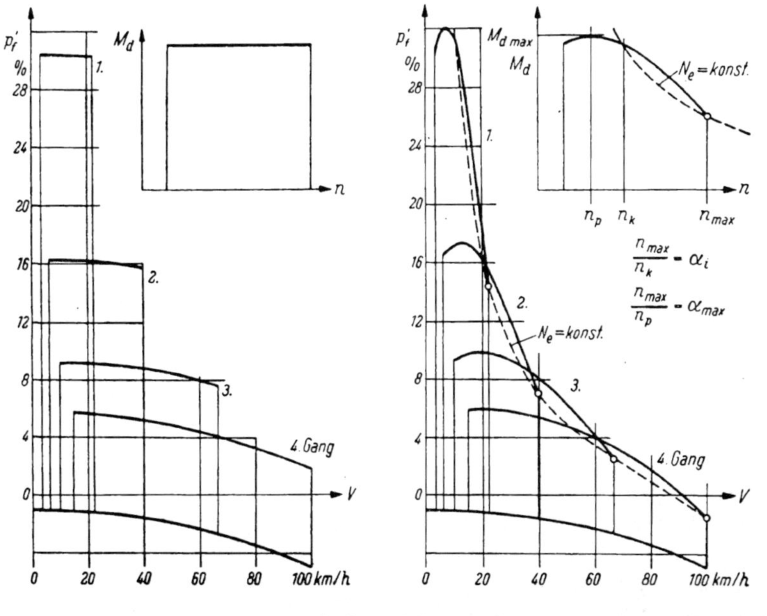

Abb. 6. Normal-Fahrzustands-Diagramm (p_f', V) und Motorenkennlinien (M_d, n) für zwei verschiedene Drehmomentenverläufe der Motoren

lückenloser Anschluß der einzelnen Gänge erreicht wird. Auf diese Zusammenhänge habe ich schon 1935 in der ATZ [4] hingewiesen. Dort habe ich auch im Sinne der Stabilitätsgrenze noch den größtzulässigen Übersetzungssprung $\alpha_{max} = n_{max} : n_p$ definiert, wobei n_p die Drehzahl bei maximalem Drehmoment ist. Mit diesen beiden Kennwerten war bisher auch in allen Fällen auszukommen, ohne daß sich für die Theorie das Bedürfnis nach weiteren Kenngrößen ergeben hätte. Es muß aber doch gesagt werden, daß damit noch nicht alles in Ordnung ist.

1.4 *Vorschlag Fahrleistung*

Vorläufig erscheint nämlich in den Prospekten zur Bewertung der Fahrzeugmotoren noch nicht der α_i-Wert, sondern lediglich die Höchstleistung $N_{e\,max}$. Damit besteht also von der Werbung her nur ein Anreiz zur Steigerung von $N_{e\,max}$, aber noch nicht zur Verbesserung der Fahrstabilität bzw. zur Steigerung von α_i. Auf einem anderen Sektor, beim Kraftstoffverbrauch, wurden für den Normverbrauch besondere Meßbedingungen festgelegt, so daß man analog auch für die Fahrleistung eines Fahrzeugmotors besondere Vereinbarungen treffen könnte, die dann nicht mehr als Entwicklungsziel eine hohe Maximalleistung, sondern ein hohes Drehmoment bei kleinen Drehzahlen zur Folge haben müßten. In Abb. 7 zeigt uns die ausgezogene Kurve eine gut elastische Motorenkennlinie mit $\alpha_i = 1{,}71$ bei einer Leistungsangabe $N_{e\,max} = 71$ PS, die in den Prospekten dem Käufer entgegentritt. Es ist nun meist nicht schwer, die Vollastkurve in der gestrichelten Art abzuwandeln, wodurch die Leistungsangabe dann auf 90 PS steigt. Das muß dem Kunden doch als Anreiz erscheinen, denn er bekommt ja nun 19 PS mehr für sein Geld. Aber die Fahreigenschaften des Wagens werden dadurch nicht besser, denn α_i ist jetzt auf den möglichen Kleinstwert 1 zurückgegangen. Im NFD ergeben sich damit wieder Stufen zwischen den einzelnen Gangbereichen. Die Angabe der Höchstleistung bildet also kein gesundes Entwicklungsziel für die Fahrzeugmotoren. Ich habe deshalb vorgeschlagen, ein Übereinkommen zu treffen, wonach die Motorleistung bei einem bestimmten Anteil von der höchstzulässigen Drehzahl als Fahrleistung bezeichnet wird, und in Zukunft nur noch dieser Wert angegeben werden soll. Für z. B. $0{,}5 \cdot n_{max}$ zeigt Abb. 7 diese Fahrleistung zu 59 und 60 PS. Es muß hier lediglich noch die Bedingung er-

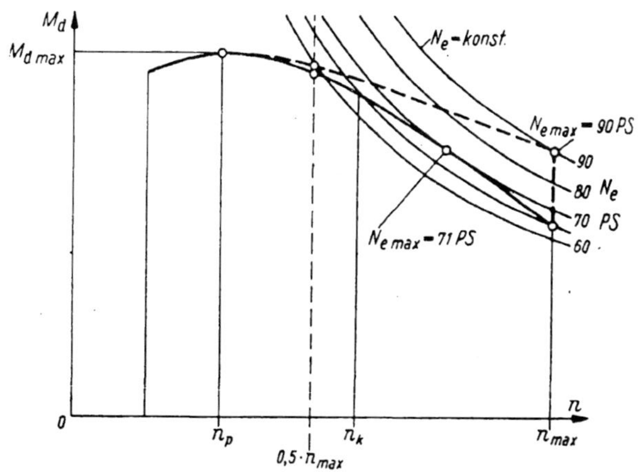

Abb. 7. Motoren-Elastizität, Höchstleistung und Gleichleistungsbereich. Vorschlag Fahrleistung

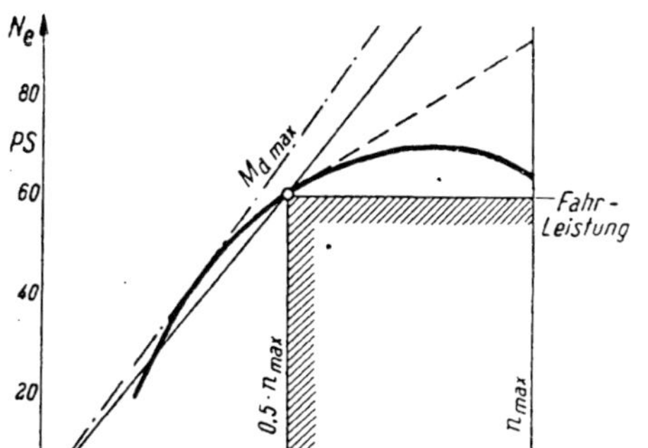

Abb. 8. Vorschlag Fahrleistung im Leistungsdiagramm

gänzt werden, daß von diesen z. B. $0{,}5 \cdot n_{max}$ bis n_{max} die Motorleistung an keiner Stelle die Fahrleistung unterschreitet. Diese Festlegung erzeugt dann das Bestreben, die Fahrleistung bei $0{,}5 \cdot n_{max}$ oder mit anderen Worten, das Drehmoment bei halber Höchstdrehzahl möglichst hoch zu entwickeln.

Für die Leser, denen die M_d, n-Darstellung nicht so geläufig ist, wurde in Abb. 8 noch das N_e, n-Diagramm ergänzt. Es zeigt bei halber Maximaldrehzahl die Fahrleistung, die von da aus bis n_{max} als konstant eingetragen wurde und damit die Grenze angibt, die in diesem Bereich von der Motorenkennlinie nicht unterschritten werden darf. Andererseits bringt der steile Verlauf, der gestrichelt von dem Fahrleistungspunkt ausgeht, keine fahrmechanischen Vorteile mehr.

Wir hatten gesehen, daß man mit einem gewissen Gleichleistungsbereich des Motors und einem Stufengetriebe einen ausreichenden Wandlungsbereich für den Fahrzeugantrieb erreichen kann (Abb. 9). Setzt man die Grenzen etwa so an, daß für die Bergfahrt noch $p_f' = 32\%$ verfügbar sein sollen und auf normaler Straße bei $p_f' = 2\%$ die Höchstgeschwindigkeit er-

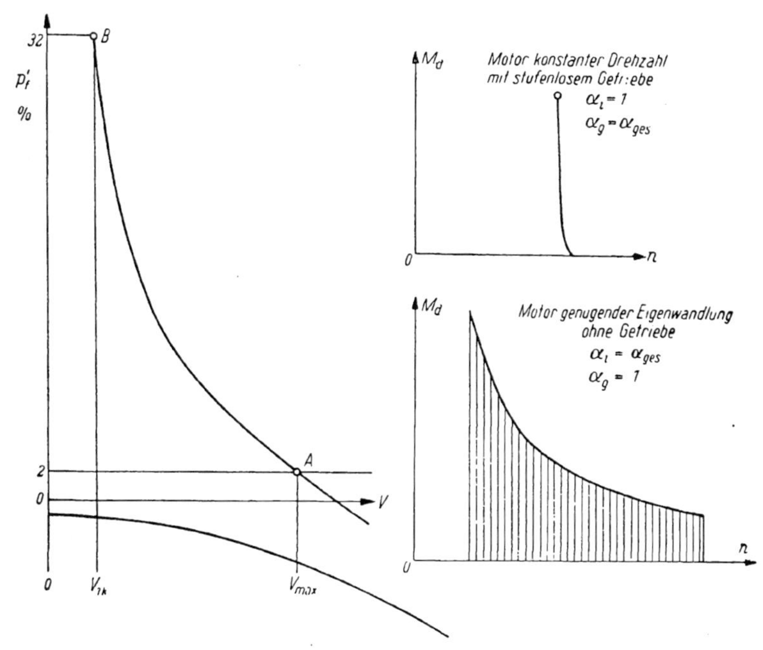

Abb. 9. Erforderlicher Fahrzeugwandlungsbereich (α_{ges}) im NFD – links – und seine Aufteilung auf Motor- (α_i) und Getriebewandlung (α_g) – rechts

reicht wird, so ist damit der mindestens erforderliche Wandlungsbereich festgelegt. *Leistungswandlung heißt ja dabei, daß die Motorleistung, nach Drehmoment und Drehzahl veränderlich zerlegt, auf die Triebräder übertragen wird.* Gehen wir also von einer konstanten Motorleistung aus, so ergibt sich dafür im Normal-Fahrzustandsdiagramm, in Abb. 9 links, die stark eingetragene Kurve, die also in den Grenzen von Punkt A bis Punkt B für das Fahrzeug ausgenützt werden soll. Das kann nun z. B. dadurch erreicht werden, daß ein Motor konstanter Drehzahl vorausgesetzt wird, in Abb. 9 rechts oben, der durch ein stufenloses Getriebe ergänzt wird. Das ist der eine Grenzfall; der andere wird durch einen ideal elastischen Motor, in Abb. 9 rechts unten, ohne Getriebe gebildet. Zwischen diesen beiden Grenzfällen liegt nun die praktische Wandlungsverteilung, bei der der Motor mit einer gewissen Eigenwandlungsfähigkeit α_i ausgestattet ist und die Getriebestufen für die richtige

Aneinanderreihung dieser Bereiche sorgen, wie wir es vorher in Abb. 6 rechts gesehen haben. Man kann also die erforderliche Gesamtwandlung α_{ges} zusammensetzen aus der Eigenwandlung α_i des Motors und dem Wandlungsbereich des Getriebes $\alpha_g = \varphi_{max} : \varphi_{min}$. Dabei bedeutet φ_{max} die Getriebeübersetzung des 1. Ganges und φ_{min} die des direkten oder des entsprechenden schnellsten Ganges. Damit wird also

$$\alpha_{ges} = \alpha_i \cdot \alpha_g . \tag{9}$$

Diese Gleichung gibt die *Aufteilung* der Gesamtelastizität bzw. des Gesamtwandlungsbereiches an. Bevor nun aber die Größe der Gesamtwandlung α_{ges} berechnet werden kann, ist es erforderlich, noch das sogenannte Temperament eines Wagens zu bewerten.

1.5 *Temperament und Wandlungsbereich*

Man kann sich nämlich einen Wagen mit 2 Motoren unterschiedlicher Leistung vorstellen, mit denen zwar in beiden Fällen eine ideale Leistungslinie überdeckt wird, die aber, wenn sie in einem Diagramm nebeneinandergestellt werden, den Unterschied der Fahrmöglichkeiten deutlich erkennen lassen, Abb. 10. Die Bewertung kann hier durch die Kennziffer „Leistungsgewicht" oder „Leistungsbelastung" γ_N vorgenommen werden. Es ist

$$\gamma_N = \frac{G_v}{N_e}, \tag{10}$$

darin bedeutet G_v das Gewicht des Wagens bei voller Ausnützung der zulässigen Tragfähigkeit, N_e die Motorleistung, die bisher als maximale eingesetzt wurde, aber besser in Übereinstimmung mit obigem Vorschlag als Fahrleistung N_F einzusetzen wäre. Neben γ_N ist aber auch noch der Luftwiderstand von wesentlichem Einfluß auf die Fahrfähigkeiten. Er wird durch den Kennwert „spezifische Staufläche" f_L bewertet; es ist der $(c \cdot F)$-Wert je Tonne Wagengewicht.

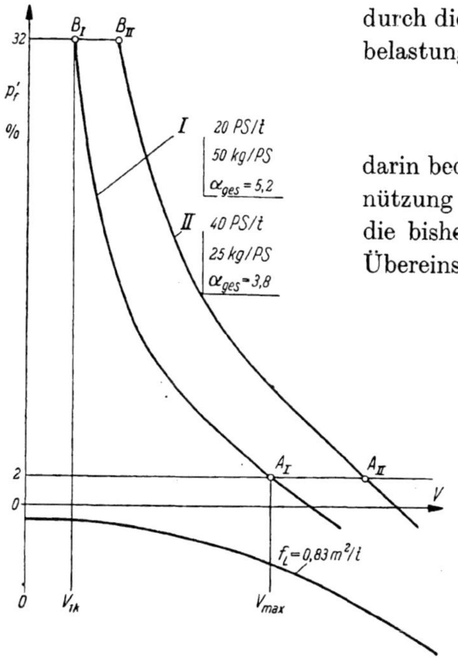

Abb. 10. Temperament und Wandlungsbereich

$$f_L = 1000 \cdot \frac{c \cdot F}{G_v}. \tag{11}$$

Darin bedeutet

f_L = spezifische Staufläche in m^2/t
c = Luftwiderstandsbeiwert [1]
F = Wagenquerschnitt als Projektion in Fahrtrichtung in m^2.

Mit γ_N und f_L liegen die Fahrmöglichkeiten des Wagens fest. Daß sich damit auch Typenpläne [5] aufstellen lassen, zeigt Abb. 11. Mit den konstanten Werten für $f_L = 1{,}04\ m^2/t$ und $\alpha_i = 1{,}6$ nehmen die Leistungsbelastungen von $\gamma_N = 70$ kg/Ps für das linke NFD über 28 und 14 bis zu $\gamma_N = 6{,}5$ kg/PS für das rechte NFD ab. Trotzdem für alle vier Motoren $\alpha_i = 1{,}6$ gilt, sind links 4 Getriebegänge für $\gamma_N = 70$ erforderlich, dann für $\gamma_N = 28$ nur noch 3 Gänge. Für $\gamma_N = 14$ genügen 2 Gänge, während bei $\gamma_N = 6{,}5$ schon ohne Getriebe auszukommen ist. Wir erkennen daraus, daß mit abnehmender Leistungsbelastung γ_N auch die Zahl der erforderlichen Getriebegänge zurückgeht und das, obgleich für alle Motoren konstante Eigenwandlung α_i vorausgesetzt wurde. Mit fallender Leistungsbelastung wächst nämlich für den 1. Gang die Fahrgeschwindigkeit, die der Drehzahl n_k entspricht (n_k begrenzte den Gleichleistungsbereich des Motors nach unten). Von hier aus beginnt ja dann erst der Wandlungsbereich, so daß schließlich bei genügend kleinen γ_N-Werten schon die Eigenwandlungsfähigkeit des Motors α_i zur Erreichung der Höchstgeschwindigkeit ausreicht und damit ein Wechselgetriebe entfallen könnte. Bei der Höchstgeschwindigkeit muß allerdings mit steigender Motorleistung unterschieden werden, ob es die auf ebener Fahrbahn bei Motorvollast maximal mögliche sein soll oder ob man praktisch auf diese äußerste Spitze verzichtet, weil man ja heute die großen Leistungsreserven hauptsächlich für die Vergrößerung

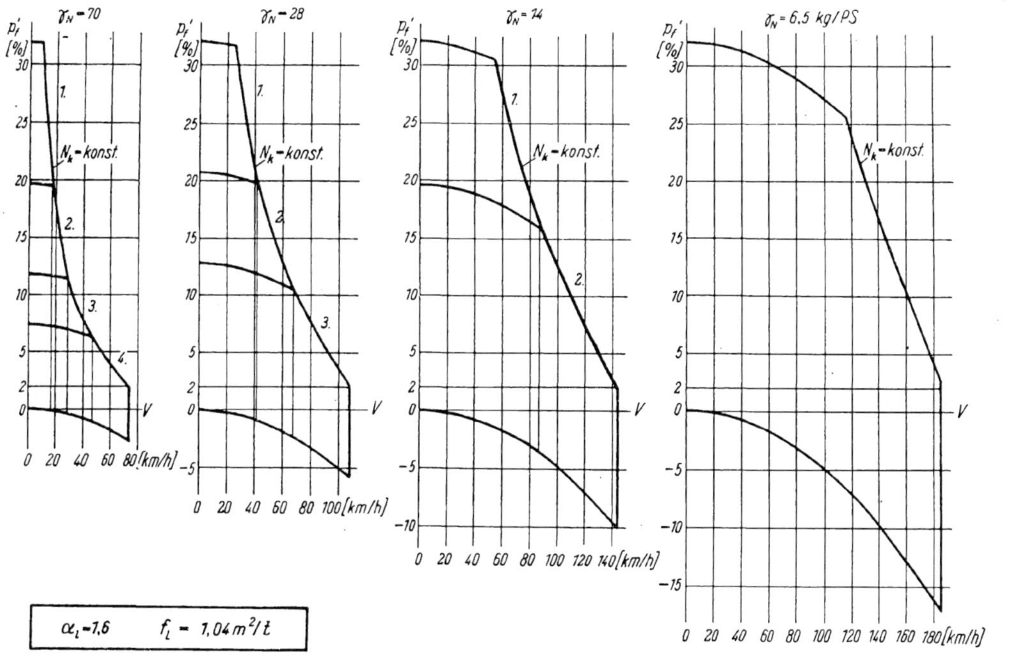

Abb. 11. Beispiele von Fahrzeugtypenplänen für verschiedene Leistungsbelastungen γ_N kg/PS, für $\alpha_i = 1{,}6$ und $f_L = 1{,}04$ m²/t

der Beschleunigung anwendet und nicht zur Steigerung der Höchstgeschwindigkeit. Man hätte dann also eine kleinere, praktisch noch auszunützende Höchstgeschwindigkeit einzusetzen. Während sich die mögliche Höchstgeschwindigkeit auf ebener Fahrbahn für einen angenommenen Rollwiderstandsbeiwert $f = 0{,}02$ in dem Schnittpunkt der Leistungslinie $N_k =$ konst mit der Linie $p_f' = 2\%$ im NFD ergibt, kann die praktische Höchstgeschwindigkeit an sich beliebig tiefer festgelegt werden.

Der Anfangspunkt für den Wandlungsbereich ergibt sich aus dem 1. Gang, für den $p_f' = 32\%$ gefordert werde. Nach [1] ist $p_f' = p_e' - p_g' - p_L'$. Für die kleinen Fahrgeschwindigkeiten des 1. Ganges kann normalerweise p_L' vernachlässigt werden, während p_g' durch den Getriebewirkungsgrad berücksichtigt werden soll. Damit wird dann

$$p_f' = \eta_g \cdot p_e' = \eta_g \cdot \frac{270 \cdot N_k}{V_{1k} \cdot G_v}.$$

Darin bedeutet N_k die Leistung des Gleichleistungsbereiches zwischen bzw. in den Drehzahlen n_k und $n_{\max}$.

Mit $\gamma_k = \frac{G_v}{N_k}$ und $\eta_g = 0{,}888$ erhalten wir

$$p_l' = 0{,}32 = 0{,}888 \cdot \frac{270}{V_{1k} \cdot \gamma_k} \text{ oder, nach } V_{1k}$$

aufgelöst,

(12) $$v_{1k} = \frac{750}{\gamma_k}.$$

Damit ergibt sich dann der erforderliche Wandlungsbereich

(13) $$\alpha_{\text{ges}} = \frac{V_{\max}}{V_{1k}}.$$

Mit den Gleichungen (9) und (12) wird daraus

(14) $$\alpha_i \cdot \alpha_g = \frac{1}{750} \cdot \gamma_k \cdot V_{\max},$$

die jetzt *links* die Verteilung der Wandlung auf Motor und Getriebe angibt und *rechts* die erforderliche Gesamtwandlung. Da V_{1k} der Motordrehzahl n_k entspricht, kann also durch $V_{1k} \cdot \alpha_i = V_{1\max}$ die Höchstgeschwindigkeit im 1. Gang berechnet werden, so daß sich damit auch direkt $\alpha_g = V_{\max} : V_{1\max}$ ergibt.

1.6 *Die Erweiterungsmöglichkeiten der Eigenwandlung*

Bei Verwendung mechanischer Stufengetriebe ergibt sich also für die antreibenden Motoren als Entwicklungsrichtung ein ausreichender α_i-Bereich. Mit der Steigerung von γ_N und α_i kann man einzelne Getriebegänge einsparen. Diese Ersparnis ist aber nicht so wesentlich groß, als daß sich zur Erreichung dieses Zieles auf der anderen Seite ein großer Aufwand lohnte.

Bei Ottomotoren ist die Drosselung entweder der Ansaugquerschnitte oder der Einlaßventil-Steuerzeiten ein bekanntes Mittel zur Vergrößerung der Eigenwandlung α_i. Auch bei Dieselmotoren lassen sich gleiche Regelcharakteristiken durch die sogenannten Büffelregler erreichen [6]. Allgemein ist darüber hinaus noch denkbar, den Gleichleistungsbereich des Motors zu erweitern (Abb. 12), und zwar einmal zu kleineren Drehzahlen hin, also mit steigenden effektiven Mitteldruckwerten p_e durch Aufladung, in Abb. 12 links oben. Wenn man dabei an den heute im Pkw vorherrschenden Ottomotor denkt, so gerät man gerade in diesem Aufladebereich sehr schnell über die Klopfgrenze und es bedarf besonderen Aufwandes, um diese Klippe zu vermeiden. Andererseits kann man den Gleichleistungsbereich natürlich auch nach höheren Drehzahlen, in Abb. 12 rechts unten, erweitern, was wesentlich einfacher gelingt. Infolge der damit verbundenen höheren Massenkräfte steigen dabei auch die mechanischen Verluste, so daß mit Rücksicht auf den steigenden Kraftstoffverbrauch bald die wirtschaftliche Grenze erreicht wird. Allerdings muß hierzu noch berücksichtigt werden, daß durch Kurzhubigkeit [7] der Motoren eine wesentliche Drehzahlsteigerung ohne Erhöhung der Beanspruchungen möglich ist.

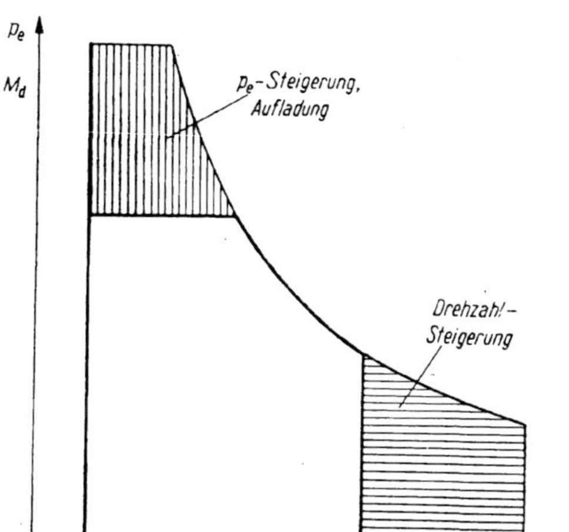

Abb. 12. Die Erweiterungsmöglichkeiten der Eigenwandlung des Motors

Da durch das Getriebe die Eigenwandlungsbereiche in den einzelnen Gängen aneinander angeschlossen werden können, so kommt es darauf an, diesen Anschluß auch zeitlich möglichst stetig, also ohne große Leergangzeiten oder Schaltpausen durchzuführen. Ja, je mehr es gelingt, durch entsprechende Schalthilfen diesen Übergang von einem Gang zum anderen mit immer geringerem Zeitverlust durchzuführen, um so weniger Bedeutung wird die Forderung nach Erweiterung der Eigenwandlungsfähigkeit schließlich haben.

2. DER KRAFTSTOFFVERBRAUCH

2.1 *Der Einfluß des Leistungsgewichtes auf Belastung und Verbrauch*

Hatten wir bisher vom Standpunkt der Fahrstabilität den Verlauf der Motorenkennlinie verfolgt und im Begriff des Eigenwandlungsbereiches die fahrmechanische Wertungsgrundlage gefunden, so interessiert aber daneben, vielleicht sogar in erster Linie, die Verbrauchswirtschaftlichkeit. Um im Rahmen der Entwicklung die Verschiebung der Betriebsbereiche im weiten Gebiet der Motordrehzahlen und Motorbelastungen verfolgen zu können, soll die Motorenentwicklung in Verbindung mit dem Fahrzeug betrachtet werden. Da sich die Entwicklungstendenzen im Personenkraftwagen am deutlichsten ausprägen, so sei der Pkw zugrunde gelegt.

In den letzten Jahren ist die Entwicklung dem allgemeinen Zug zu höherer Motorleistung gefolgt, und auch heute ist in dieser Richtung noch kein Ende abzusehen. Während noch vor ein·gen Jahren 200 PS die Ausnahme bildeten, so ist diese Grenze in den USA heute schon auf breiter Front überschritten, und es zeichnet sich eine weitere Steigerung in Richtung auf über 300 PS ab. Da man sich durch Leichtbau bemüht, mit der Leistungssteigerung nicht auch gleichzeitig das Fahrzeuggewicht proportional steigen zu lassen, so kann als Hauptrichtung der Pkw-Entwicklung die Verringerung des Kennwertes „Leistungsgewicht" γ_N festgestellt werden. Es war nach (10)

$$\gamma_N = \frac{G_v}{N_e} \quad [\text{kg/PS}]$$

und darin G_v das Gewicht des Fahrzeuges in kg bei voll ausgenutzter zulässiger Tragfähigkeit und N_e die Höchstleistung des Motors in PS. Man sollte darauf achten, daß das Leistungsgewicht immer auf das volle Gewicht bezogen wird. Nur so ist ein Vergleich der Fahrfähigkeiten gegeben, denn mit dem Leergewicht allein wird nicht gefahren und erst mit G_v kann der wirtschaftliche Zweck des Fahrzeuges voll erfüllt werden.

Wenn auch in Europa das Maß der Leistungssteigerung bzw. das Absinken des Leistungsgewichtes wesentlich schwächer ist als in Amerika, so ist doch die gleiche Entwicklungstendenz auch bei uns bestimmend.

Dabei sei nochmals daran erinnert, daß der Anreiz zu dieser Entwicklung nicht so sehr in der Möglichkeit zur Steigerung der Höchstgeschwindigkeit liegt, sondern vielmehr in der Erhöhung der möglichen Beschleunigungswerte, weil man damit die Reisegeschwindigkeiten immer mehr an die zulässigen Höchstgeschwindigkeiten annähern kann. Dazu müssen wir uns vergegenwärtigen, daß auch in den meisten Staaten der USA generelle Geschwindigkeitsbeschränkungen bestehen, die Höchstgeschwindigkeiten zwischen 70 und 100 km/h festlegen. Diese Grenzen stehen dort nicht etwa nur auf dem Papier, sondern sie werden auch eingehalten, weil sie sorgfältig und streng überwacht werden.

Die Verringerung des Leistungsgewichtes hilft also dem Fahrer, nach Langsamfahrten an Kreuzungen oder ähnlichen Hemmstellen die zulässige Höchstgeschwindigkeit sehr schnell wieder zu erreichen und damit seine Reisegeschwindigkeit unter dem Einfluß der Verkehrs-Hemmstellen nicht zu weit absinken zu lassen. An einem konkreten Beispiel wollen wir jetzt die Zusammenhänge verfolgen.

Abb. 13 zeigt die Motorencharakteristik des EMW 340. Über der Drehzahl sind die effektiven Mitteldruckwerte aufgetragen und in diesem Betriebsfeld dann die Kurven jeweils gleichen spezifischen Kraftstoffverbrauches b_e in g/PS · h. Ferner zieht von unten links nach rechts oben eine Kurvenschar durch das Diagramm. Darin bedeutet die mit $\gamma_N = 33$ kg/PS bezeichnete Linie die Motorbslastung, die sich bei dem EMW-Wagen für die Fahrt auf

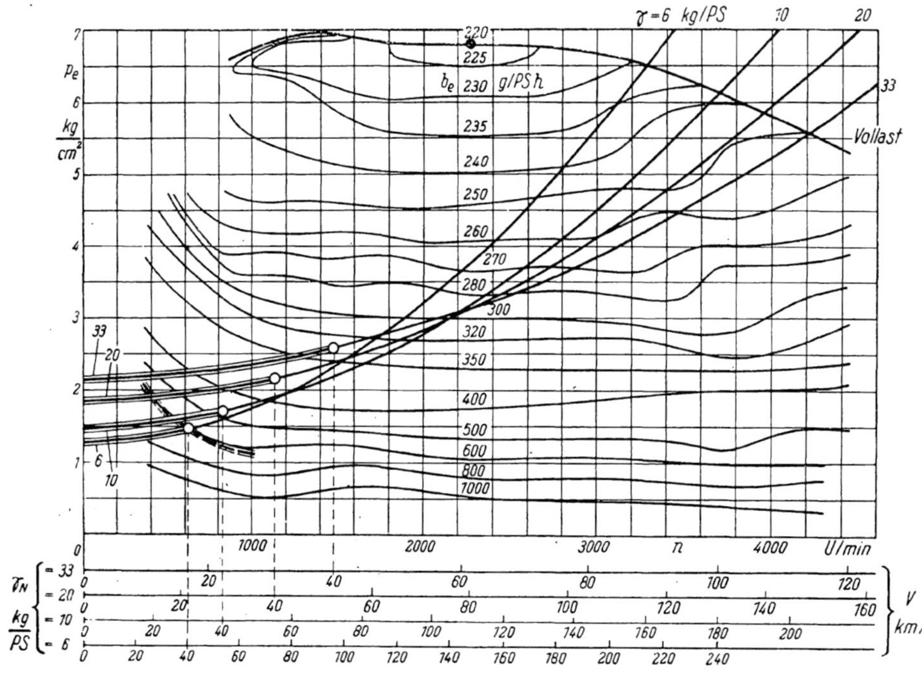

Abb. 13. Motorencharakteristik des 2-Liter-EMW-Motors mit Fahrzustandslinien für verschiedene Leistungsbelastungen

ebener Straße im direkten Gang ergibt. Unter der Abszisse ist dafür auch noch der zugehörige Fahrgeschwindigkeitsmaßstab angegeben, aus dem man für $\gamma_N = 33$ kg/PS als erreichbare Höchstgeschwindigkeit auf der Ebene $V = 115$ km/h entnehmen kann. Die anderen Kurven für γ_N-Werte von 20; 10 und 6 kg/PS gelten für weitere Beispiele, die bedeuten, daß aus dem Originalmotor von 2 Litern Hubvolumen jetzt Motoren von 3,5 bzw. 6,5 oder 10,8 Litern geworden sind. Auch dafür sind die zugehörigen Geschwindigkeitsmaßstäbe unter der Abszisse angegeben, die die jeweils erreichbaren Höchstgeschwindigkeiten ablesen lassen.

2.2 *Der Einfluß der Stadtfahrt auf Belastung und Verbrauch*

Nun müssen noch zwei für die Verbrauchswirtschaftlichkeit wichtige Gesichtspunkte berücksichtigt werden. Einmal hat man festgestellt, daß von der in Kraftfahrzeugen verbrauchten Kraftstoffmenge der überwiegende Teil innerhalb der Städte verfahren wird. Andererseits muß berücksichtigt werden, daß in den meisten Städten noch äußere Geschwindigkeitsbeschränkungen bestehen. Legen wir beispielsweise eine zulässige Höchstgeschwindigkeit von 40 km/h zugrunde, so sehen wir an den doppelt nachgezogenen linken Kurvenstücken zwischen der Ordinate und den jeweils durch einen Kreis markierten 40 km/h-Punkten die Betriebszustände für gleichbleibende Fahrgeschwindigkeit in ebenen Städten. Zwar bauen sich darüber noch die Beschleunigungsfelder auf, von denen aus der Betriebszustand jedoch immer wieder auf den starken Kurvenast zurückkommt, bei $V = 40$ km/h oder geringeren V-Werten. Diese vorwiegend gefahrenen Betriebszustände liegen also bei sehr geringen Belastungen (p_e-Werten von 1 bis 2,5) und niedrigen Drehzahlen (n-Werte von 600 bis 1500). Das wichtigste dabei ist jedoch, daß hier spezifische Kraftstoffverbrauchswerte von 335 bis über 1000 g/PS · h verlangt werden gegenüber dem Bestverbrauch von 220 g/PS · h bzw. von 250 g/PS · h bei Höchstgeschwindigkeit für $\gamma_N = 33$ kg/PS.

Wenn in den Beispielen durch die fallenden γ_N-Werte auch die Hubraumvergrößerung des Motors jeweils festliegt, so ist jedoch bezüglich der gewählten Übersetzung noch freie Hand gegeben, so daß jede Kurve nur eine von vielen Möglichkeiten angibt.

Um auch hier die Auswirkungen anderer Übersetzungsverhältnisse übersehen zu können, wurden für $\gamma_N = 6$ kg/PS und $V = 40$ km/h noch die Betriebspunkte für einen weiten Übersetzungsbereich berechnet und als gestrichelte hyperbolische Kurve in das Diagramm eingetragen. Trotz der berücksichtigten starken Übersetzungsunterschiede bleibt doch der Betriebsbereich im Gebiet der kleinen Drehzahlen und Belastungen und damit auch im Bereich hoher spezifischer Verbrauchswerte.

> Für die weitere Entwicklung von Pkw-Motoren muß deshalb ganz besonders die Forderung nach Verringerung des spezifischen Kraftstoffverbrauches im Teillastgebiet gestellt werden, wenn man trotz höherer Leistungsreserven nicht zu höherem Verbrauch kommen will.

2.3 *Teillastverfahren*

Dazu muß untersucht werden, welche grundsätzlichen Entwicklungsmöglichkeiten für Motoren mit möglichst geringem spezifischen Teillastverbrauch bestehen. Die Untersuchung soll sich dabei auf alle Möglichkeiten erstrecken, um aus dem sich dann ergebenden Gesamtüberblick die einfachsten und wirtschaftlichsten Verfahren auswählen zu können.

Knüpfen wir nochmals an das Beispiel von Abb. 13 an, so ergab sich dort ja, daß bei langsamer Fahrt auf ebener Straße eine zu geringe Motorbelastung vorlag. Das läßt sich auch so ausdrücken, daß für langsame Fahrt der Motor viel zu stark ist. Daraus ergibt sich die Forderung, daß man die Motorgröße der erforderlichen Fahrleistung jeweils anpassen müßte. Stellen wir uns dazu einmal vor, daß an Stelle des einen Sechszylindermotors nun sechs Einzylindermotoren benutzt werden, die nach Bedarf zu- oder abgeschaltet werden können, so ergibt sich Abb. 14. Darin wurde dieselbe Motorencharakterstik von Abb. 13 auch für die Einzylindermotoren vorausgesetzt. Dazu sind für verschiedene Zahlen von Einzylindermotoren die Betriebszustandslinien für die Fahrt auf der Ebene eingetragen. Die Linie für einen Einzylindermotor liegt schon so weit oberhalb der Vollastlinie, so daß sie nicht mit eingetragen werden konnte. Vom Zweizylinderbetrieb bei kleinen Fahrgeschwindigkeiten ausgehend, können jetzt mit steigender Geschwindigkeit weitere Einzylindermotoren zugeschaltet werden, so daß die Motoren stets mit hoher Belastung bei niedrigem spezifischen Kraftstoffverbrauch arbeiten können. An Stelle der normalen Sechszylindermotoren-Betriebslinie ergibt sich jetzt die im Diagramm hervorgehobene Stufenlinie. Im Diagramm 14 unten sind die zu den einzelnen Belastungslinien gehörigen spezifischen Verbrauchswerte eingetragen. In dem Feld zwischen der oberen Sechszylinderlinie und der unteren Stufenlinie kommt hier die spezifische Verbrauchssenkung direkt zur Darstellung. Mit sinkender Fahrgeschwindigkeit wächst die Einsparung, die schließlich bei $V = 25$ km/h schon 36% ausmacht. Es ist dies immerhin schon ein beachtlicher Ansporn, sich über die praktische Verwirklichung Gedanken zu machen.

Da die Durchführung eines solchen Mehrmotorenbetriebes natürlich erhebliche Schwierigkeiten macht, so wurden früher schon die Ersparnismöglichkeiten der Zylinder-Register-Teillastregelung [8] untersucht. Dabei bleibt der Sechszylindermotor mechanisch einheitlich

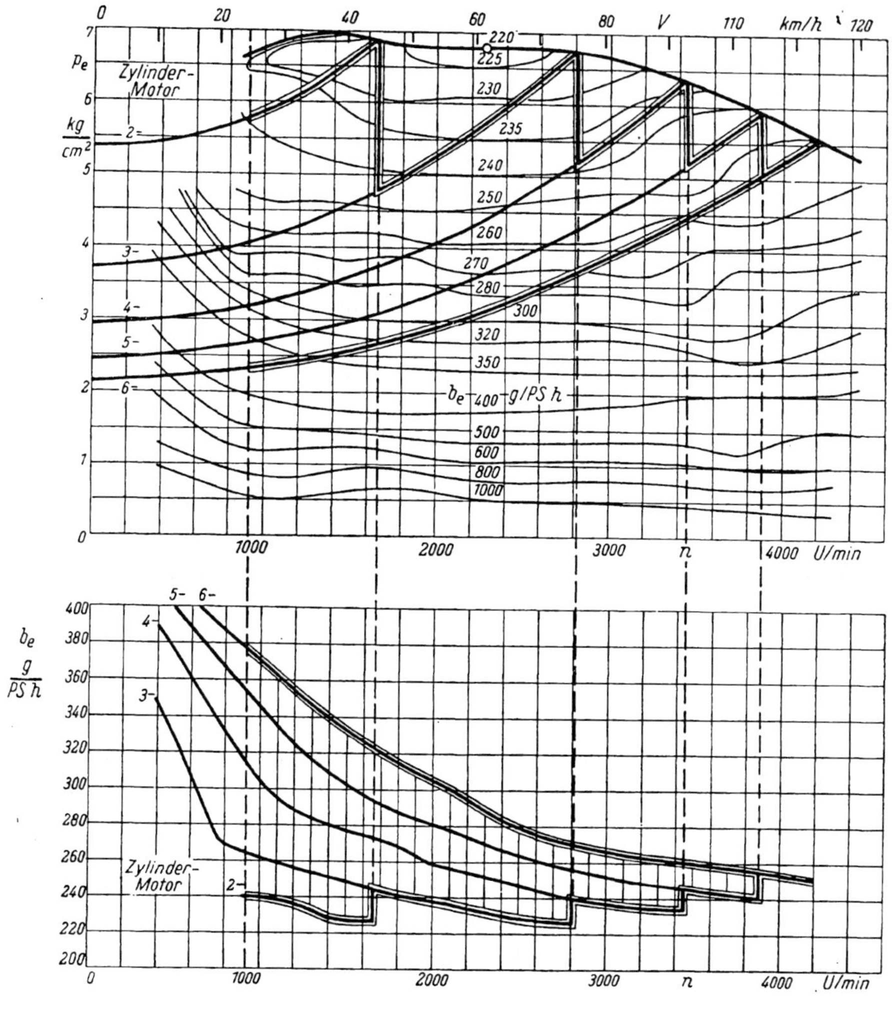

Abb. 14. Motorencharakteristik des EMW-Motors mit Fahrzustandslinien für Fahrt auf ebener Straße ($f = 0{,}02$) mit Motoren verschiedener Zylinderzahlen (bei gleicher Zylindergröße) – oben – und spezifischer Kraftstoffverbrauch für die einzelnen Fahrzustandslinien – unten. Schraffierter Bereich = Ersparnismöglichkeit durch Anpassung der Motorgröße an die Belastung

m Betrieb, während nacheinander einzelne Zylinder von der Gemischzuführung abgeschaltet werden. Trotzdem dabei immer die mechanischen Verluste aller sechs Zylinder überwunden werden müssen, selbst wenn nur zwei Zylinder arbeiten, ergeben sich doch schon beachtliche Ersparnisse. In Abb. 15 wurde für die Fahrt auf ebener Fahrbahn der Verbrauch in Litern je 100 km über der Fahrgeschwindigkeit aufgetragen. Man erkennt, wie besonders bei kleinen Fahrgeschwindigkeiten durch das Abschalten der Gemischzuführung zu einem, zwei oder drei Zylindern schließlich eine Ersparnis von 3 bis 4 Litern je 100 km erreicht wird. Der praktischen Durchführung stellen sich auch hier noch einige Schwierigkeiten in den Weg, die besonders auf dem Gebiet der Drehzahl-Ungleichförmigkeit des Motors und damit auch der Drehschwingungen des gesamten Triebwerkes liegen.

Um nun die Möglichkeit der Teillastverbrauchssenkung für die Motoren unabhängig von einem vorausgesetzten Wagen verfolgen zu können, soll für die folgenden Betrachtungen keine Fahrbetriebszustandslinie zugrunde gelegt werden, sondern eine konstante Motordrehzahl, für die der spezifische Kraftstoffverbrauch über der Belastung verfolgt werden soll. Abb. 16 zeigt den spezifischen Kraftstoffverbrauch b_e über dem effektiven Mitteldruck p_e, und zwar in den beiden oberen Kurven der bei uns in West und Ost jeweils am meisten verbreiteten Viertakt-Ottomotoren. Darunter folgt als nächste die Teillastverbrauchskurve eines Vorkammer-Dieselmotors. Man erkennt daran die verbrauchswirtschaftliche Überlegenheit des Dieselmotors; jedoch wollen wir auf die Gegenüberstellung dieser beiden Motorarten später nochmals zurückkommen und jetzt nur deshalb auf den Dieselmotor übergehen, weil sich an seinem Beispiel die Wirkung der Aufladung praktisch verfolgen läßt. In der Fachliteratur der letzten Zeit stehen nämlich Meßwerte von Dieselmotoren mit normaler und mit Hochaufladung zur Verfügung. Gegenüber der rein theoretischen Verfolgung ergibt sich so die nötige Wirklichkeitsnähe, ohne dafür einen besonderen Nachweis führen zu müssen. Die beiden unteren Kurven zeigen für zwei Dieselmotoren mit Aufladung und mit Hochaufladung die Teillastverbrauchskurven. Da es sich bei den Dieselmotoren hier um drei verschiedene Daimler-Benz-Motoren handelt, so können die Verbrauchswerte nicht unbedingt direkt verglichen werden. Zum Vergleich wurde deshalb für den Vollastpunkt jeweils nicht nur die Belastung gleich 100% gesetzt, sondern auch der spezifische Verbrauch; so ergeben sich die Vergleichskurven in Abb. 16 rechts oben. Bei den Ottomotoren fällt dabei auf, daß der relative Anstieg des spezifischen Verbrauchs beim Ost-Motor stärker ist, während er absolut besser liegt als der West-Motor. Bei den Dieselmotoren liegen die Relativkurven des normalen Motors und des normal aufgeladenen sehr dicht beieinander, während sich erst bei der Hochaufladung ein starker Fortschritt zeigt. Der fehlende relative Fortschritt bei der normalen Auf-

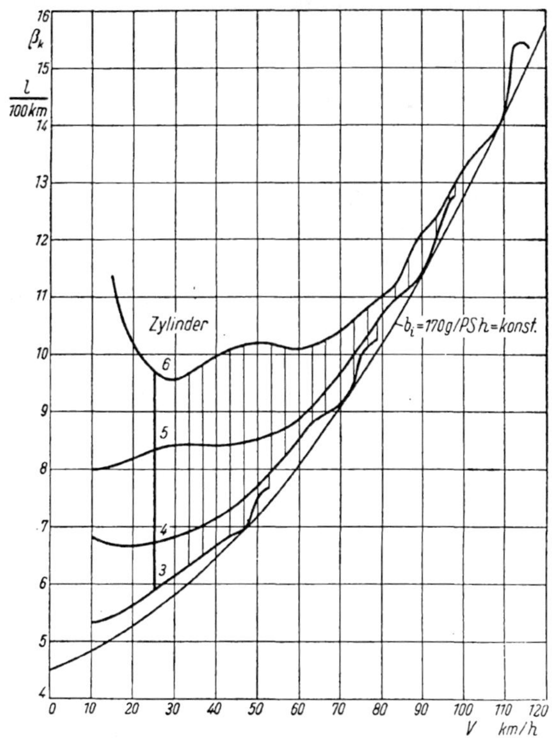

Abb. 15. Kraftstoffverbrauch in Litern je 100 km über der Fahrgeschwindigkeit bei verschiedenen Zahlen mitarbeitender Zylinder des 6-Zylinder-EMW-Motors. Schraffierter Bereich = Ersparnismöglichkeit der Zylinder-Register-Regelung

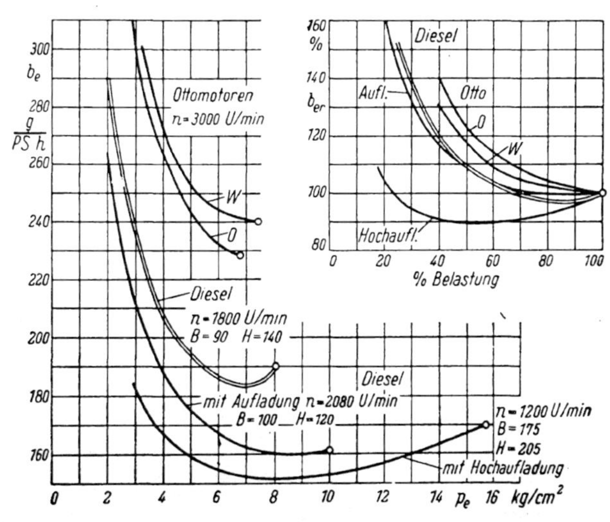

Abb. 16. Spezifischer Kraftstoffverbrauch (b_e) über der Motorenbelastung (p_e). Oben rechts: Relativwerte auf Vollast bezogen

ladung kann dabei mit der sehr knappen Festlegung des Vollastpunktes erklärt werden.

Während sich bei Ottomotoren durch den Vergaser eine eindeutig begrenzte Höchstlast ergibt, so kann die Belastung des Dieselmotors bis über die Rauchgrenze hinaus gesteigert werden. Die Blockierung der Belastung soll zwar unterhalb der Rauchgrenze liegen, aber wieviel Abstand hier gewählt wird, ist in das freie Ermessen des Herstellers gelegt. Daß dadurch das Bild der relativen Teillastkurven sehr stark beeinflußt wird, soll die Abb. 17 zeigen. In Abb. 17a wurden für die Teillastverbrauchskurven mit und ohne Aufladung jeweils verschiedene Punkte als Vollastpunkte festgelegt, wofür dann in Abb. 17b die relativen Kurven aufgetragen sind. Werden die Vollastpunkte *e* und *d* verglichen, so ergibt sich eine relative Überlegenheit des Motors ohne Aufladung, während ein Vergleich der Punkte *e* und *a* für die Aufladung auch einen guten Fortschritt in der relativen Kurve zeigt. Für den Kraftfahrzeugantrieb kommt es also darauf an, den Vollastpunkt der Dieselmotoren nicht zu knapp zu begrenzen, sondern ihn möglichst hoch, d. h. eng an die Rauchgrenze zu legen. Unter dieser Voraussetzung können wir dann allgemein feststellen:

> „Die für den Kraftfahrzeugbetrieb erwünschte Senkung des spezifischen Teillastverbrauches kann um so wirksamer erreicht werden, je höher die Aufladung getrieben wird.“

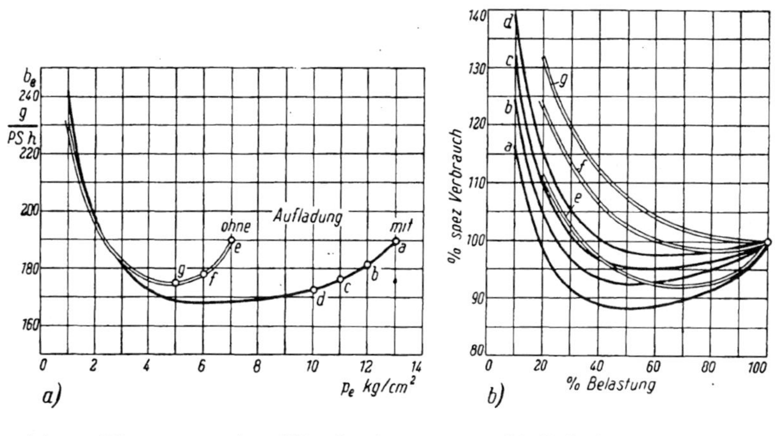

Abb. 17. a) b_e, p_e-Diagramme eines Dieselmotors mit und ohne Aufladung bei unterschiedlicher Festlegung der Vollast b) Relativwerte auf die jeweilige Vollast bezogen

Bei den bisher besprochenen Verfahren zur Senkung des Teillastverbrauches geschah das zunächst durch Verkleinerung des Motors entweder durch teilweise Abschaltung oder aber durch Anwendung der Aufladung, während sich an der Art der Teillastregelung für den einzelnen Zylinder nichts änderte. Dagegen sollen jetzt die Möglichkeiten behandelt werden, die sich aus einer thermodynamischen Änderung des Teillastverfahrens selbst ergeben. Um hier erst einmal die grundsätzlichen Erfolgsaussichten beurteilen zu können, wurden in einer früheren Arbeit [9] für den mit idealer Luft durchgeführten Seiliger-Kreisprozeß die verschiedensten Teillastbedingungen angesetzt und dafür die Teillastcharakteristiken berechnet. Das Ergebnis zeigt Abb. 18. Über der Belastung ist der thermische Wirkungsgrad aufgetragen. Rechts sind einige Werte des reziproken Maßstabes angegeben, die sich auf die Änderung des spezifischen thermischen Verbrauches beziehen. Die untere mit *D* bezeichnete Kurve ergibt sich für die Drosselregelung des Ottomotors. Wird die Verringerung der Zylinderfüllung nicht durch Drosselung, sondern durch Rückschub, d. h. durch Wiederausschieben eines Teiles der Ladung während des Kompressionshubes erreicht, so ergibt sich dafür die R-Kurve, die nur wenig besser liegt als die D-Linie. Wenn es – etwa durch Gemischschichtung – gelingen sollte, den Ottomotor mit Qualitätsregelung zu fahren, so gilt dafür die Kurve Q_0. Dieselbe Kurve ergibt sich auch, wenn die Ladungsverringerung durch entsprechend starke Vorwärmung als reine Wärmeregelung W oder auch durch Wärmeregelung in Verbindung mit einer dann möglichen Gemischabmagerung, also als WQ, geschieht. Für Dieselbetrieb ergibt sich die Teillastkurve Q_d. Wird bei der WQ-Regelung noch die Verdichtung mit sinkender Belastung erhöht, so ergibt sich die Kurve für WQV. Wenn die zusätzliche Verdichtungsänderung mit der Rückschubregelung kombiniert wird, so sehen wir dafür die oberste Kurve RV, bei der der spezifische Teillastverbrauch gegenüber Vollast bis über 25% absinkt, während er für die Drosselregelung fast in gleichem Maße zunahm. Aus diesen theoretischen Untersuchungen ergab sich also ein genügender Anreiz, die besten Verfahren auch praktisch am Motor zu erproben. Dabei wird in jedem Falle der Aufwand für die Durchführung der Regelung größer sein als bei der Drosselregelung, wo wir in der Drosselklappe das einfachste Regelorgan haben. Über unsere Versuche wurde in der Kraftfahrzeugtechnik [10] berichtet. Die wichtigsten Ergebnisse seien hier kurz zusammengefaßt.

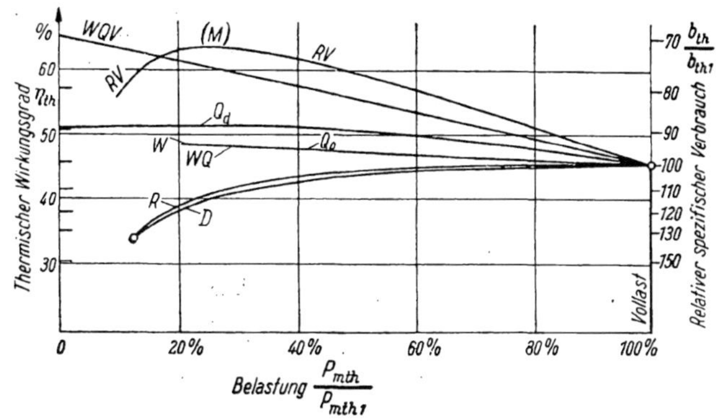

Abb. 18. Der thermische Wirkungsgrad über der Belastung für verschiedene Teillast-Kreisprozesse

Das theoretisch aussichtsreichste Teillastverfahren, die Rückschub-Verdichtungs-(RV)-Regelung, wurde an einem IG-Prüfmotor mit verstellbarer Verdichtung und verschiedenen Rückschubnocken erprobt. Die praktischen Einstellgrenzen ergaben sich für den Rückschub durch den Zündzeitpunkt und für die Verdichtung durch den erforderlichen Mindestabstand zwischen Kolbenboden und Ventilteller. In diesem Bereich wurde die Verdichtung auf konstanten Verdichtungsenddruck eingestellt. In Abb. 19 links ist zunächst die Teillastkurve D für Drosselregelung nach optimaler Vergasereinstellung voll ausgezogen gezeichnet. Durch optimale Anpassung des Zündzeitpunktes ergab sich von Halblast abwärts noch eine Einsparungsmöglichkeit, die die Kurve DZ zeigt. Nach jeweils optimaler Einstellung ergab sich für die Rückschub-Verdichtungs-Regelung die untere Kurve RV, die für 30% Belastung schon über 30% Ersparnis gegenüber der Drosselregelung ergibt.

Bei der Betrachtung der theoretischen Teillastverfahren an Hand des vorigen Bildes hatte sich zwischen der Drossel- und der Rückschubregelung nur ein ganz geringer Unterschied ergeben, während sich die wesentliche Wirkungsgradverbesserung erst durch die Kombination der Rückschubregelung mit der Verdichtungsänderung ergab. Es lag also nahe, auch die Drosselregelung mit einer entsprechenden Verdichtungsänderung zur Erzielung konstanter Kompressionsenddrücke durchzuführen. Damit wurde die Kurve DV erreicht, die schon verhältnismäßig nahe an der RV-Kurve liegt. Wenn auch für die praktische Durchführung die Verdichtungsänderung den meisten Aufwand erfordert, so bedeutet es doch dabei eine wesentliche Erleichterung, wenn die Rückschubsteuerung gespart werden kann und dafür mit der Drosselklappe auszukommen ist.

Wegen des geringeren konstruktiven Aufwandes können praktisch auch die Wärmeregelungen WQ und DWQ von Interesse sein. Es wurde deshalb an einem 1,2-Liter-Opel-Motor ein Wärmeaustauscher zwischen Abgasleitung und Saugleitung angebracht. Die hohen Lufttemperaturen erforderten dabei einen gekühlten und abgeschirmten Sondervergaser, der

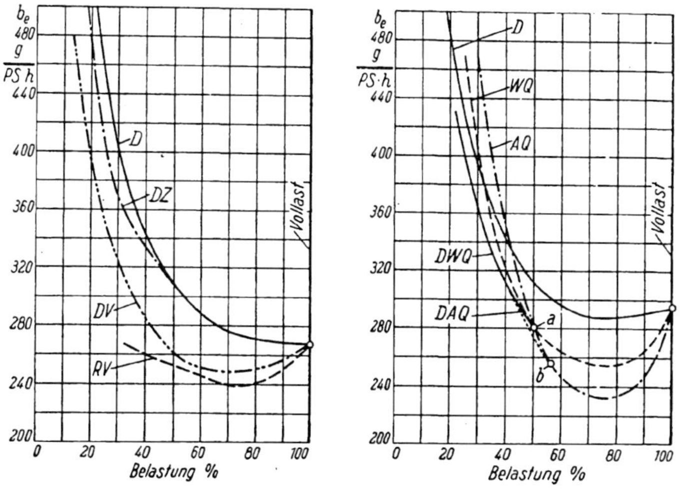

Abb. 19. Der spezifische Kraftstoffverbrauch über der Belastung für Motorenversuche mit verschiedenen Teillastverfahren

im IVK konstruiert und gebaut wurde und der dann die Versuchsdurchführung ohne Schwierigkeiten von dieser Seite ermöglichte. Die Versuchsergebnisse zeigt Abb. 19 rechts. Als Ausgangskurve dient wieder die Teillastverbrauchskurve optimaler Einstellung bei Drosselregelung D. Dann wurde mit der Wärme-Qualitäts-Regelung WQ gefahren, die von 90 bis 50% Belastung eine Kraftstoffeinsparung von rund 10% ergibt. Unterhalb der Halblast steigt der Verbrauch dabei wieder an und überschneidet bei Drittellast die D-Kurve. Die Ursache lag in dem bei Halblast einsetzenden und mit sinkender Belastung zunehmenden Klopfen. Es wurde deshalb die Drosselklappe zusätzlich mit zur Regelung herangezogen, womit sich die DWQ-Kurve ergab, die sich im Punkt a an die WQ-Kurve anschließt. Trotz der Drosselung ergaben sich niedrigere Verbräuche, weil jetzt ein klopffreier Betrieb möglich war. Auch dieses Verfahren ist nicht ohne weiteres praktisch anwendbar, weil die Belastungsänderungen nicht in der für den Fahrzeugbetrieb erforderlichen kurzen Zeit durchführbar sind. Insbesondere sind es die Belastungssenkungen, die zunächst allein mit der Drosselklappe eingeleitet werden müssen. In dem Maße, in dem dann die Temperatur der Ansaugluft steigt, kann dann auch die Drosselung wieder aufgehoben werden.

Um hier schneller verschiedene Belastungen einstellen zu können, wurde die Vorwärmung jetzt nicht mehr über den Wärmeaustauscher, sondern durch den Zusatz heißer Abgase zum Gemisch vorgenommen. Hierdurch wird außerdem die angesaugte Gemischmenge verringert, so daß mit sinkender Belastung die Zylinderfüllung mehr und mehr durch Abgas ersetzt wird. Es ergibt sich also einmal eine Mengenregelung für das angesaugte Gemisch, zum anderen wird durch die Auffüllung mit Abgas ein etwa konstanter Kompressionsanfangsdruck erreicht, so daß sich über der Belastung auch ein annähernd konstanter Kompressionsenddruck ergibt, also dieselbe Wirkung wie sie vorher mit der RV-Regelung erzielt wurde. Es herrschen dabei also im Viertaktzylinder dieselben Betriebszustände wie im Zweitaktzylinder mit Kurbelkammerspülung. Nur mit Abgaszusatz ergab sich die AQ-Kurve, die bis zur Halblast herunter noch besser liegt als die WQ-Kurve. Bei weiterer Belastungssenkung durch gesteigerten Abgaszusatz steigt der Verbrauch dann stark an, was hauptsächlich durch die von Halblast ab mit sinkender Belastung zunehmenden Aussetzer zu erklären ist. Es wurde deshalb auch hier die Drosselklappe zur Hilfe genommen, womit vom Punkt *b* an abwärts der Verbrauch nach der Kurve *DAQ* in die *DWQ*-Kurve überging.

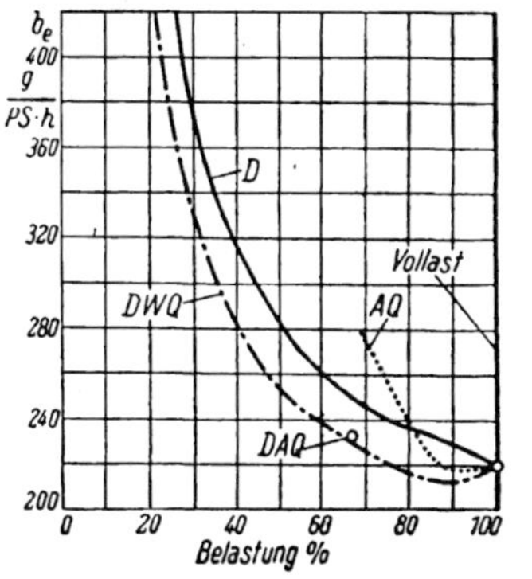

Abb. 20. Der spezifische Kraftstoffverbrauch über der Belastung für Motorenversuche mit verschiedenen Teillastverfahren

Nach diesen Versuchen am Opelmotor sollte nun versucht werden, entsprechende Ersparnisse auch an dem schon sehr sparsamen EMW-Motor zu erreichen. Mit optimaler Einstellung ergab die *DWQ*-Regelung nach Abb. 20 gegenüber der Drosselregelung *D* noch eine Verbrauchssenkung von etwa 10%. Mit Abgaszusatz wurde die Kurve *AQ* gefahren, die nach geringer Absenkung schon bei 80% Belastung über die *D*-Kurve hinausgeht. Es zeigt sich dabei ein sehr unruhiger Motorlauf mit starken Zündaussetzern. Auch durch zusätzliche Drosselklappenbetätigung ergaben sich starke Regulierungsschwierigkeiten durch Aussetzer. So konnte zwar beispielsweise der in Abb. 20 eingetragene Punkt *DAQ* mit optimaler Einstellung erreicht werden, jedoch war die Einstellempfindlichkeit so groß, daß keine vollständige Kurve gefahren wurde. Der Unterschied gegenüber dem Opelmotor kann durch die verschiedenen Brennräume erklärt werden. Der Ricardokopf des Opelmotors ergibt eine starke Durchwirbelung des Gemisches, während der scheibenförmige EMW-Brennraum keine Gasbewegung erzeugt, so daß leichter die Gefahr besteht, daß sich im Zündzeitpunkt Abgas vor der Zündkerze befindet. Der EMW-Brennraum mußte also wirbelerzeugend umgestaltet werden. Für diesen Zweck stand zunächst ein alter Versuchs-Quetschkopf von EMW zur Verfügung, der also neben der geänderten Brennraumform auch andere Ventilgrößen, Kanalanordnungen und Nocken hatte und außerdem in Leichtmetall gegossen war. Um zur Originalmaschine einen einwandfreien Vergleich nur der Brennraumform zu bekommen, ließen wir nach entsprechender Modelländerung besondere Versuchsköpfe in Gußeisen abgießen, die sich nur in einseitiger Einziehung des Kopfes unterschieden, so daß am Motor die Kanalführungen und die Ventile mit Antrieb einschließlich Nocken unverändert blieben (Abb. 21a). Hierdurch ergab sich einmal schon ein wesentlicher Fortschritt zur Serienmaschine, der teilweise dadurch mitbedingt war, daß der Quetschkopf eine höhere Kompression bei gleichem Kraftstoff und gleicher Klopfgrenze vertragen kann. Durch die Änderung des

a)

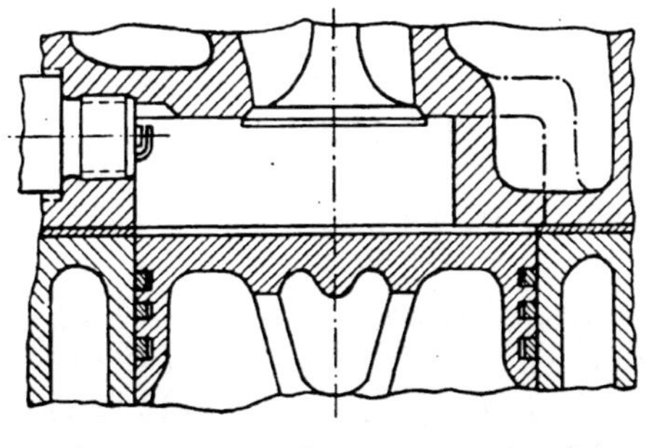

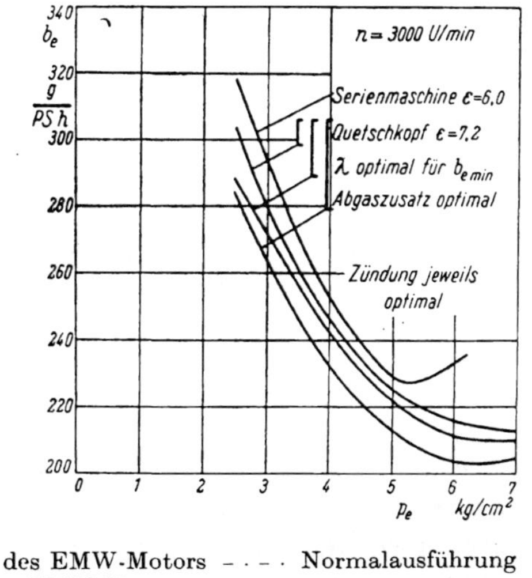

b)

Abb. 21. a) Querschnitt durch den Quetschkopf des EMW-Motors - - - - Normalausführung
b) Teillastversuche am EMW-Motor

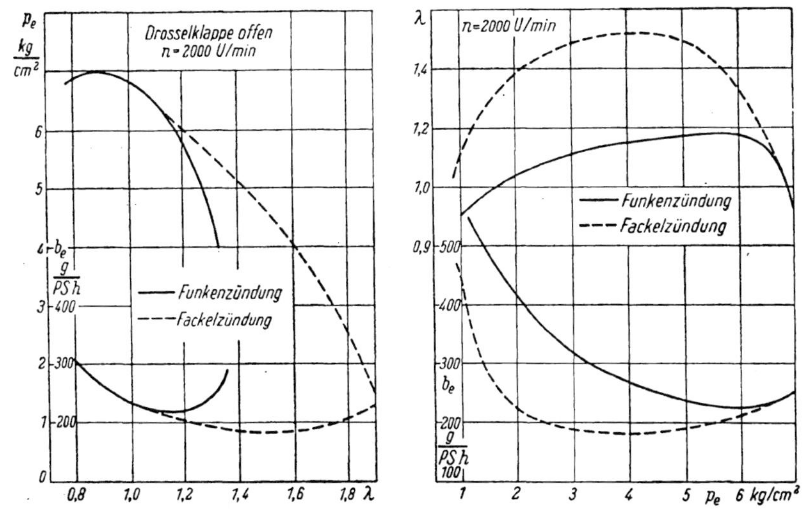

Abb. 22. Versuchsergebnisse mit der sog. Fackelzündung nach WELIKANOW [11]

Zylinderkopfes, das Herunterziehen der Quetschkante, war ja unter Beibehaltung aller anderen Maße die Erhöhung von ε schon mitbedingt. Abb. 21b zeigt den spezifischen Kraftstoffverbrauch über der Belastung, und zwar in der oberen Kurve für den serienmäßigen Motor, darunter die Kurven für den Quetschkopf, zunächst für dieselbe feste Vergasereinstellung, dann für veränderliche Hauptdüse mit der Einstellung für jeweils niedrigsten Verbrauch und die unterste Kurve für zusätzlich noch optimalen Abgaszusatz. Man sieht, daß gegenüber der normalen Maschine noch über 20 g/PS · h zu holen sind; allerdings sind an die jeweils optimale Einstellung von Düse, Zündpunkt und Abgaszusatz dann einige Anforderungen zu stellen. Es bleibt nun noch zu prüfen, wie weit wir durch Konstanthalten einiger Einstellgrößen die Regelung vereinfachen und doch noch Ersparnisse erzielen können. Mit der unteren Kurve ist zunächst nur das optimal Erreichbare gezeigt.

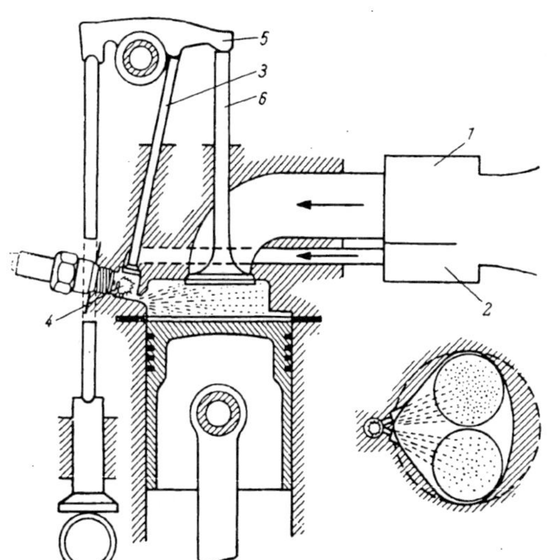

Abb. 23. Schemazeichnung der NAMI-Fackelzündung

Während der letzten Kraftfahrzeugtechnischen Tagung teilte Prof. WELIKANOW, Moskau, Ergebnisse [11] mit, die im Institut NAMI erzielt wurden und in Abb. 22 dargestellt sind. Gegenüber den voll ausgezogenen Kurven des normalen Ottomotors zeigen die gestrichelten Kurven die Betriebsergebnisse mit Gemischschichtung.

Im linken Diagramm sieht man, daß jetzt Luftverhältnisse der Gesamtladung bis zu $\lambda = 1{,}9$ noch zu fahren sind. Die Auswirkung auf den Teillastbetrieb sehen wir rechts im Bild. Die Gemischschichtung wird dabei mechanisch durch ein gesondertes Einlaßventil in einer eingeschnürten Zündkammer erleichtert, Abb. 23, womit das Kennwort „Fackelzündung" begründet ist.

Wenn auch der Vollastpunkt nicht besonders günstig liegt, so sind doch die erreichten Teillast-Verbrauchswerte unter 200 g/PS · h bis herab zu $p_e = 2{,}5$ kg/cm² ganz beachtlich. Bei analogen Werten im gesamten Drehzahlbereich eröffnet sich hier eine Entwicklungsrichtung von überragender Bedeutung. Die Verbrauchswirtschaftlichkeit wird dabei nur noch von dem neuen Dieselmotor der MAN, der nach dem M-Verfahren nach Dr. Meurer arbeitet, übertroffen.

2.4 *Kompressionssteigerung beim Ottomotor*

Für den Ottomotor ergibt sich durch die Kompressionssteigerung eine grundsätzliche Verbesserungsmöglichkeit, die nun in ihren Auswirkungen verfolgt werden soll. In Abb. 24 kann, ausgehend von den Betriebsgrößen bei $\varepsilon = 6$, mit steigender Verdichtung die relative Änderung der maximalen Belastung, des spezifischen Verbrauches und des Spitzendruckes verfolgt werden. Die stark ausgezogenen Kurven gelten für den idealen Luftkreisprozeß, während

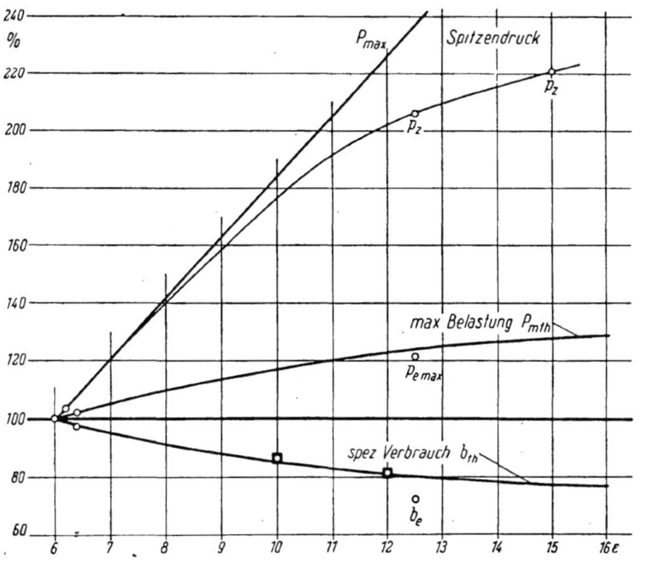

Abb. 24. Relative Änderung der Betriebswerte eines Ottomotors bei Kompressionserhöhung. Starke Linien gelten für idealen Luftkreisprozeß, Punkte für effektive Prüfstandswerte

die eingetragenen Punkte sich auf effektive Prüfstandswerte beziehen [12]. Es ist bezüglich Belastung und Verbrauch eine gute Übereinstimmung der effektiven mit den thermodynamischen relativen Änderungen festzustellen, die in Übereinstimmung mit der Literatur [12] darauf schließen läßt, daß sich Gütegrad und mechanischer Wirkungsgrad bei der Verdichtungserhöhung kaum ändern. Wenn auch bei den Höchstdrücken die Praxis hinter der Theorie zurückbleibt, so erfordert doch die ganz beachtliche Druckerhöhung ihre Berücksichtigung in der Konstruktion des Motors, der dadurch trotz seiner Leistungszunahme spezifisch etwas schwerer wird.

Viel wichtiger ist jedoch, daß wir mit steigendem Verdichtungsverhältnis Kraftstoffe mit hoher Klopffestigkeit, d. h. mit höherer Oktanzahl brauchen. Die Kraftstoffe werden aber mit steigender Oktanzahl auch teurer, wodurch sich die Auswirkung des geringeren Verbrauches bei den Kraftstoffkosten nur noch sehr gering oder auch gar nicht mehr zeigt. Nun ändern sich aber die Anforderungen an die Klopffestigkeit des Kraftstoffes bei den verschiedenen Betriebszuständen sehr stark. So wachsen die erforderlichen Oktanzahlen mit steigendem effektiven Mitteldruck und mit sinkender Drehzahl. Der hochklopffeste Kraftstoff wird also im Fahrzeugbetrieb nur äußerst selten bei Bergfahrten ausgenutzt, während man bei Fahrten im Flachland mit geringeren Oktanzahlen auskommt. Um sich diesem unterschiedlichen Bedarf an Klopffestigkeit wirtschaftlich anpassen zu können, hat man auch schon Apparate gebaut, Vitameter genannt [13], die dem angesaugten Gemisch nur bei voll geöffneter Drosselklappe die erforderliche geringe Menge einer Klopfbremse zusetzen. Der entgegengesetzte Weg zeichnet sich bei den Teillastregelungen mit Verdichtungsänderung ab, wo man bei jedem Betriebszustand mit der Kompression so hoch gehen kann, wie es die Klopffestigkeit des Kraftstoffes erlaubt. Es kann also die gleichbleibende Klopffestigkeit des Kraftstoffes immer optimal ausgenutzt werden. In diesem Zusammenhang sei nochmals kurz auf die Aufladung von Ottomotoren eingegangen. Auch dabei ergeben sich wieder die beiden grundsätzlichen Möglichkeiten, mit steigender Aufladung entweder Kraftstoffe höherer Oktanzahl zu verwenden oder aber das Verdichtungsverhältnis im umgekehrten Verhältnis abzusenken. Im Interesse optimaler Wirtschaftlichkeit sollten dabei beide Verfahren der jeweiligen Belastung stetig veränderlich angepaßt werden. Man kann also einmal daran denken, den Zusatz der Klopfbremse im Vitameter durch den Ladedruck zu steuern oder aber die für die Teillastverfahren entwickelte Verdichtungsverstelleinrichtung auch bei Aufladung zu verwenden, so daß sich der mit der Verdichtungsänderung verbundene Aufwand dann schon eher lohnen würde. Man könnte damit sowohl die absolut verbesserte Teillast als auch ihre relative Verbesserung durch die Aufladung ausnutzen, womit dann für den Ottomotor wohl die wirtschaftlichste Betriebsweise erreicht werden könnte.

2.5 *Vergleich zwischen Otto- und Dieselmotor*

Die in Abb. 24 mit der Verdichtung ansteigenden Spitzendruckwerte zeigen, daß der Ottomotor schon in den Druckbereich des Dieselmotors vordringt, wodurch dem Ottomotor der mit den niedrigen Spitzendrücken verbundene Vorteil der leichten Bauart verlorengeht. Da der Dieselmotor im Teillastgebiet einen geringeren Anstieg des Kraftstoffverbrauches hat, so ist ein Vergleich der beiden Betriebsarten des Verbrennungsmotors nach OTTO und DIESEL zur Beurteilung der Entwicklung von besonderem Interesse.

Da sowohl der Otto- als auch der Diesel-Kreisprozeß Sonderfälle des Seiliger-Kreisprozesses sind, so soll Abb. 25 zunächst die grundsätzlichen Zusammenhänge zeigen. Beim Seiliger-Kreisprozeß ist durch die geteilte Verbrennung die Zahl der unabhängig Veränderlichen für die Darstellung in einem Diagramm zu groß, so daß jeweils eine dieser Variabeln als Konstante den einzelnen Charaktersitiken zugrunde gelegt werden muß. Das obere Diagramm gilt deshalb z. B. für $\varepsilon = 10$; es stellt den thermischen Wirkungsgrad über dem theoretischen Mitteldruck dar. Dabei gilt die unterste Begrenzung des Dreieckfeldes für den Diesel-Grenzfall des Seiliger-Kreisprozesses, von dem aus die thermischen Wirkungsgrade bis zum oberen Otto-Grenzfall ansteigen. Diese Voraussetzung des konstanten Kompressionsverhältnisses ε findet man in der Literatur am häufigsten angewendet, so daß ihr Ergebnis, daß die Gleichraumverbrennung bessere thermische Wirkungsgrade ergibt als die Gleichdruckverbrennung, oft fälschlicherweise allgemeingültig behauptet wird. Betrachten wir dazu (für $\varepsilon = 10$) nochmals das obere Diagramm, so sehen wir beim Übergang von der unteren Dieselgrenze zur oberen Ottogrenze ein erhebliches Ansteigen der Höchstdrücke (für z. B. $p_{\mathrm{mth}} = 14$ von 25 auf über 80 at). Es ist klar, daß es sich bei diesen großen Unterschieden im Höchstdruck schon um zwei grundverschiedene Motoren handelt, die man nicht mehr ohne weiteres direkt vergleichen kann. Wir erkennen daraus, daß konstanter Höchstdruck einen besseren Vergleichsmaßstab für verschiedene Motoren abgibt, weshalb dem unteren Diagramm das konstante Höchstdruckverhältnis $\pi = 50$ zugrunde liegt. Hierin sehen wir nun, daß der Otto-

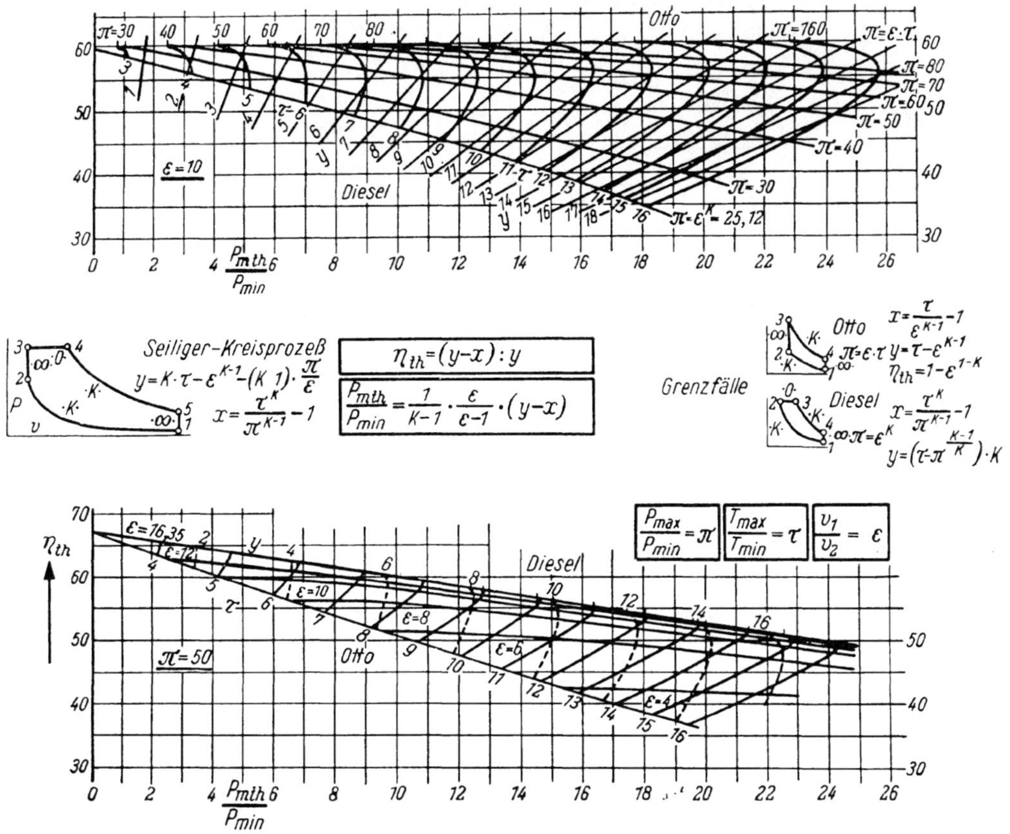

Abb. 25. Charakteristik der Seiliger-Kreisprozesse. Oben: für konstantes Kompressionsverhältnis ε, unten: für konstanten Höchstdruck $P_{max} = \pi \cdot P_{min}$

motor die untere und der Dieselmotor die obere Grenze bildet. Die Bewertung hat sich also umgekehrt, und zwar nur auf Grund der geänderten Voraussetzungen. Wenn wir also im Zuge der Kompressionssteigerung den Ottomotor für höhere Spitzendrücke konstruieren, dann können wir mit denselben Spitzendrücken bei der Gleichdruckverbrennung wieder bessere Wirkungsgrade erreichen. Bei gleich schwer gebauten Motoren ist also der Diesel thermisch im Vorteil und außerdem noch bezüglich seines meist billigeren und weniger feuergefährlichen Kraftstoffes. Bezüglich der Preise des Dieselkraftstoffes im Vergleich zu denen des Vergaserkraftstoffes ist allerdings sowohl zeitlich als auch in den einzelnen Wirtschaftsgebieten und Ländern das Verhältnis nicht einheitlich, wie aus Abb. 26 hervorgeht [14]. Wir sehen also, daß wir in Zukunft nicht mehr unbedingt mit einem Preisvorteil des Dieselkraftstoffes rechnen können. Außerdem müssen wir auch beim Dieselmotor einige Nachteile mit in Kauf nehmen. So ist es bis heute noch nicht gelungen, beim Dieselmotor die hohen Drehzahlen ebenso zu beherrschen wie beim Ottomotor. Vergleicht man also bei gleichen Spitzendrücken einen Dieselmotor und einen entsprechend hoch verdichtenden Ottomotor gleichen Hubvolumens und gleichen Gewichtes, so wird der Ottomotor infolge seiner höheren Drehzahl eine höhere Leistung erreichen, so daß das Leistungsgewicht des hochverdichtenden Ottomotors niedriger wird als das des Dieselmotors. Bei gleichen Leistungen muß also der Dieselmotor größer werden, ebenso das Fahrzeuggetriebe infolge des höheren Drehmomentes. Dazu kommt noch, daß auch die Vorrichtung für die Kraftstoffdosierung, die Einspritzpumpe, wesentlich teurer wird als der Vergaser des Ottomotors. Dagegen hat der Diesel-

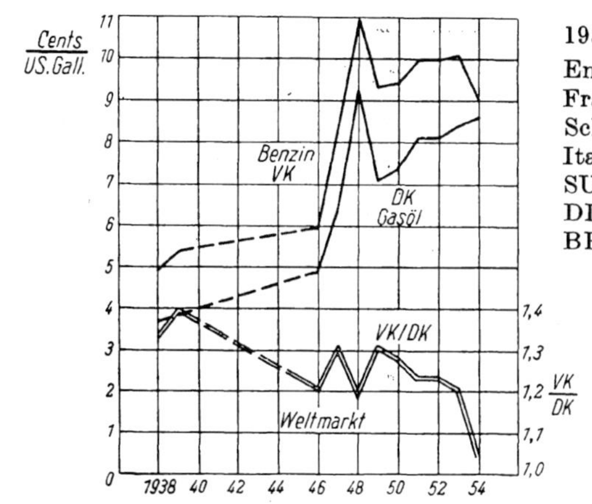

1954 VK/DK in:

England	1,02
Frankreich	1,36
Schweden	1,23
Italien	1,06
SU	2,00
DDR	1,08
BRD 1955	1,40

Abb. 26. Preisverhältnisse für Vergaser- und Dieselkraftstoff

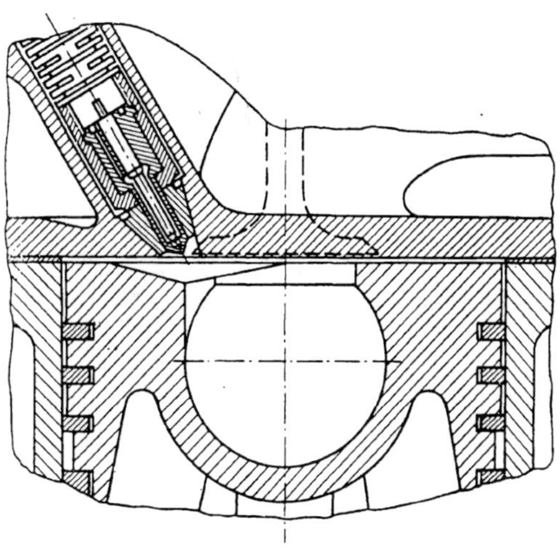

Abb. 27. Schnitt durch den Brennraum des MAN-Motors nach dem M-Verfahren

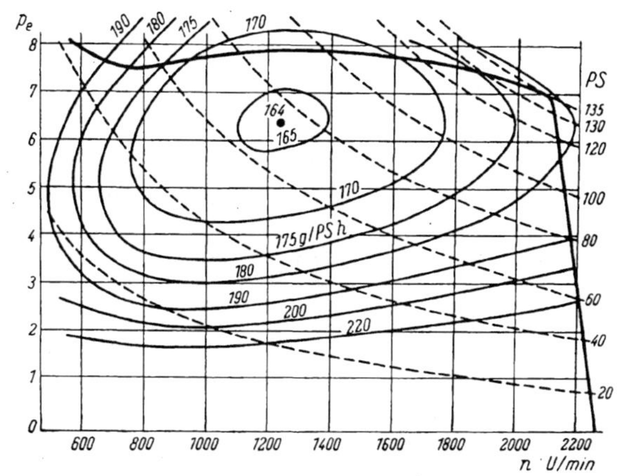

Abb. 28. Motorencharakteristik des MAN-M-Motors

motor neuerdings durch das M-Verfahren, Abb. 27, [15] wieder eine wesentlich bessere Entwicklungsmöglichkeit bekommen. Wie Abb. 28 zeigt, reicht hier der 200 g/PS · h-Bereich sogar bis $p_e = 2$ kg/cm² herunter. Wenn es also dabei gelingt, das M-Verfahren auch auf kleinere Motoren und höhere Drehzahlen zu übertragen, ohne den spezifischen Kraftstoffverbrauch wesentlich zu erhöhen, so könnte dem Ottomotor im M-Verfahren ein gefährlicher Konkurrent erwachsen.

2.6 *Optimaler Verbrauchsbereich und Getriebesbufung*

Wenn man sich einmal die Leistungserzeugung eines Fahrzeugmotors verbrauchswirtschaftlich betrachtet, ohne daß man Rücksicht auf Wandlungsgrenzen nehmen braucht, so ergibt sich daraus die Forderung [16], daß man für jeden Leistungsbedarf den Betriebspunkt geringsten spezifischen Kraftstoffverbrauches auf der jeweiligen Leistungslinie wählt. Abb. 29 zeigt eine Motoren-Charakteristik, bei der auf jeder Leistungshyperbel der Punkt minimalen spezifischen Verbrauchs markiert wurde. Diese Punkte wurden dann durch Doppellinien verbunden. Um nun den Motor immer nur längs dieser optimalen Betriebslinie betreiben

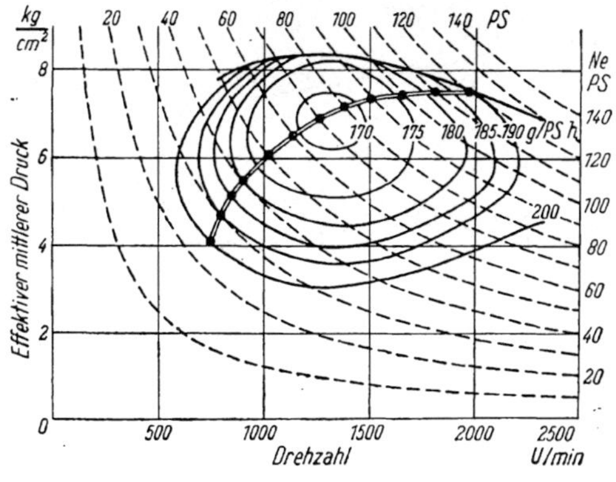

Abb. 29. Motorencharakterstik mit Verbindungslinie der Bestverbrauchspunkte für jede Leistungslinie

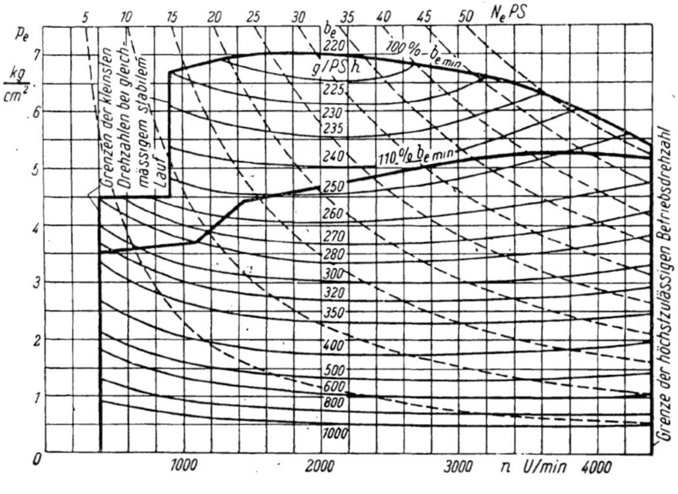

Abb. 30. Motorencharakteristik eines Ottomotors mit Bestverbrauchslinie 100% $b_{e\min}$ und Linie für 110% $b_{e\min}$

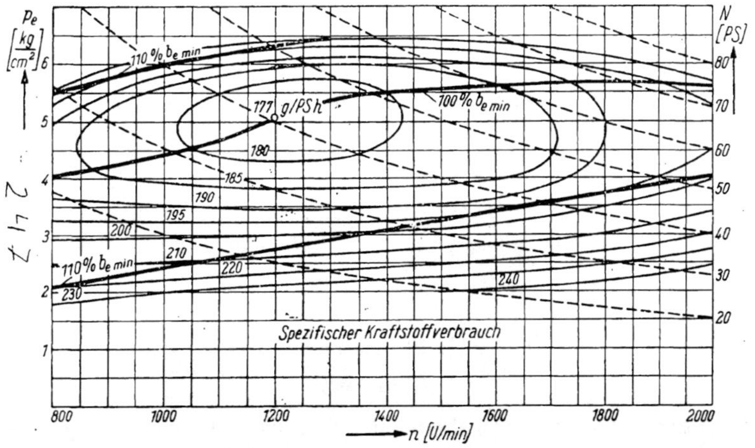

Abb. 31. Motorencharakteristik eines Dieselmotors mit Bestverbrauchslinie 100% $b_{e\,\min}$ und Linien für 110% $b_{e\,\min}$

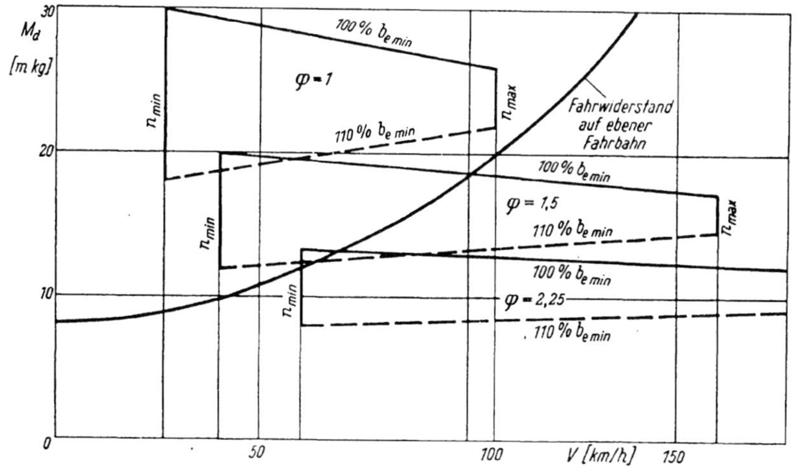

Abb. 32. Antriebsdiagramm mit Bestverbrauchsbereichen 100 bis 110% $b_{e\,\min}$ für verschiedene Getriebeübersetzungen

zu können, müßte er mit einem stufenlosen Getriebe [17] verbunden sein, das man hier besser als Getriebe mit unendlich vielen Stufen bezeichnen sollte. Da die Getriebe praktisch jedoch nur über wenige Übersetzungsstufen verfügen, so kann man sich nicht auf die optimale Betriebslinie beschränken, sondern muß von der Linie $b_{e\,\min}$ aus einen gewissen Mehrverbrauch noch zulassen, um so zu einem optimalen Betriebsbereich zu kommen. So kann man etwa auf jeder Leistungshyperbel außer 100% $b_{e\,\min}$ auch noch die Punkte 110% $b_{e\,\min}$ markieren. Abb. 30 zeigt beispielsweise für einen Ottomotor und Abb. 31 für einen Dieselmotor die optimalen Betriebsbereiche, die durch die 110% $b_{e\,\min}$-Kurven begrenzt werden. Überträgt man diese Verhältnisse auf ein Antriebsdiagramm, Drehmoment über Fahrgeschwindigkeit, so ergibt sich Abb. 32. Die eingetragene Fahrwiderstandslinie zeigt, daß im direkten Gang, $\varphi = 1$, bei Motor-Höchstdrehzahl auf ebener Fahrbahn noch Reserven bleiben, die für Steigungen oder Beschleunigungen ausgenutzt werden können. Für die Fahrt auf ebener Fahrbahn erkennt man ferner, daß sie nicht im optimalen Verbrauchsbereich des direkten Ganges liegt. Wird nun ein Schon- oder Spargang mit $\varphi = 1{,}5$ ins Schnelle verwendet, so können wir jetzt zwischen 65 und 100 km/h den optimalen Verbrauchsbereich ausnutzen. Für noch kleinere Drehmomente, wie sie für Gefällefahrten erforderlich werden können, kann durch einen weiteren Spargang, $\varphi = 2{,}25$, wieder der optimale Betriebsbereich ausgenutzt werden. Infolge der niedrigsten Betriebsdrehzahl $n_{\min}$ verengt sich zwar dabei der benutzbare Geschwindigkeitsbereich auf 60 bis 107 km/h, wenn man nach oben hin an der Höchstgeschwindigkeit des direkten Ganges festhält.

Es muß also bei der Festlegung der Getriebeübersetzung nicht nur auf den erforderlichen Gleichgewichtsbereich Rücksicht genommen werden, sondern auch darauf, daß die Gleichgewichte jeweils mit niedrigstem spezifischem Kraftstoffverbrauch zu verwirklichen sind.

3. DIE TURBOAGGREGATE

3.1 *Gasturbinen*

Die Betrachtung der Entwicklungsprobleme der Kraftfahrzeugmotoren erstreckte sich bisher lediglich auf die Kolbenmotoren. Es wird deshalb nötig sein, sich in der technischen Umgebung noch etwas umzusehen, ob nicht andere Antriebsquellen in Aussicht sind, die eine Fortführung der Entwicklung bei den Verbrennungsmotoren überflüssig machen. Wenn im ersten Teil dieser Arbeit von der Stabilität der Kennlinie die Rede war, so wird man schon an die Gasturbine gedacht haben, der ja der Ruf besonderer Elastizität vorausgeht. Abb. 33 zeigt ein Kennlinienfeld [18] für die für Fahrzeuge übliche Schaltung. Mit fallender Drehzahl steigt zwar das Drehmoment auf 260% des Momentes bei Höchstdrehzahl an, aber der Bereich konstanter Leistung, also die Eigenwandlung, ist doch nur durch $\alpha_i = 1{,}33$ gegeben. Auffällig ist auch der hohe Verbrauch bei Vollast, der im Teillastgebiet weiterhin stark ansteigt.

In Verbindung mit einem Freikolben-Gasgenerator ergeben sich für die Gasturbine die Kennlinien von Abb. 34, die nach Angaben der SEME aufgetragen wurden [19]. Es handelt

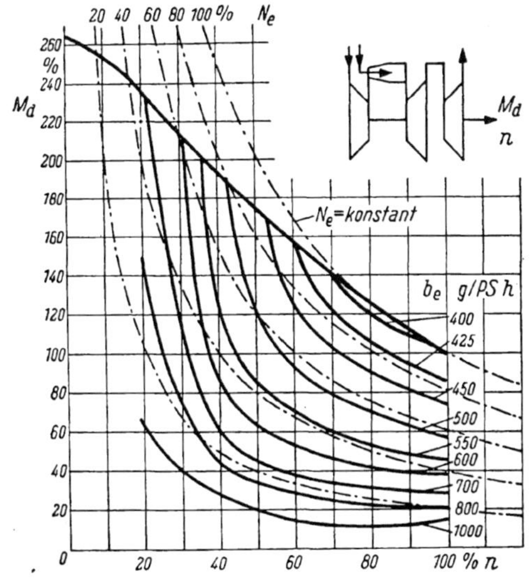

Abb. 33. Betriebscharakteristik einer Fahrzeug-Gasturbine

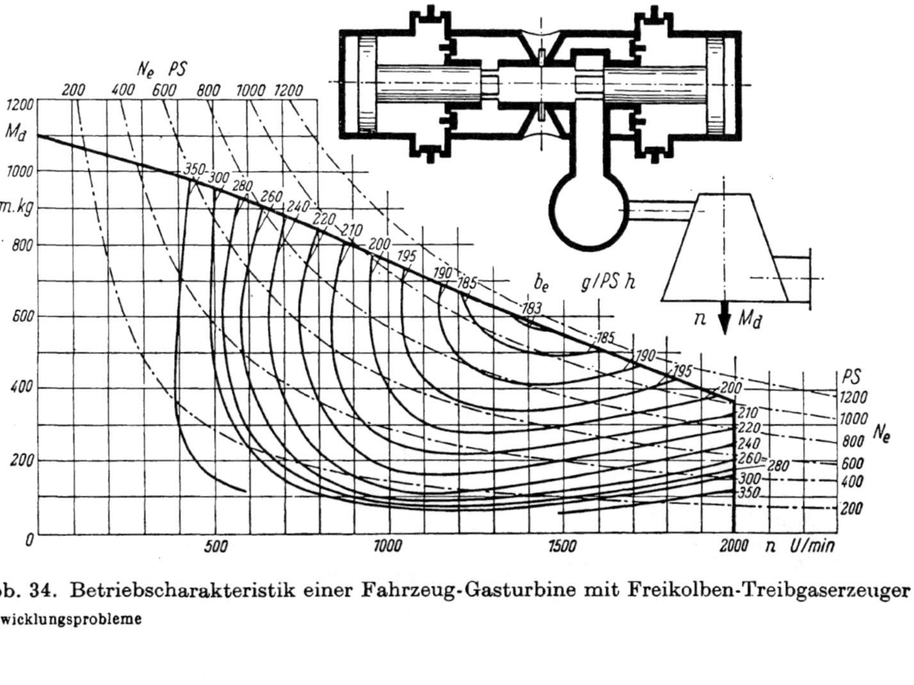

Abb. 34. Betriebscharakteristik einer Fahrzeug-Gasturbine mit Freikolben-Treibgaserzeuger

sich dabei um eine 1000-PS-Lokomotivturbine. Im Gegensatz zur vorher reinen Verbrennungsturbine fallen die geringen Verbrauchswerte auf, die zwar für eine kleinere Kraftwagen-Anlage nach Schätzung von Direktor HUBER, SEME, noch auf etwa 230 g/PS · h im Bestwert ansteigen würden, aber doch gegenüber den 400 g/PS · h der Verbrennungsturbine den grundsätzlichen Vorteil der Kolbenbrennkammer herausstellen. Die Vollastkennlinie zeigt hier schon eine Eigenwandlung von $\alpha_i = 2{,}2$ und dann nach kleinerer Drehzahl auch wieder einen Anstieg des Drehmomentes auf insgesamt 306% des Momentes der Höchstdrehzahl. Die Drehmomentenverhältnisse und Eigenwandlungen dieser Beispiele müssen dabei nicht typisch für die beiden verschiedenen Systeme sein, aber wichtig sind die Unterschiede der spezifischen Kraftstoffverbrauchswerte, die typisch sind. Der verbrauchswirtschaftliche Weg zur Gasturbine führt also auch beim Fahrzeug über die Kombination mit der Kolbenmaschine [20].

3.2 *Föttinger-Aggregate*

Aber es gibt auch noch einen anderen Weg, zu ähnlichen Charakteristiken des Antriebes zu kommen, es ist der Kolbenmotor mit Föttinger-Wandler. Abb. 35 zeigt für einen Motor

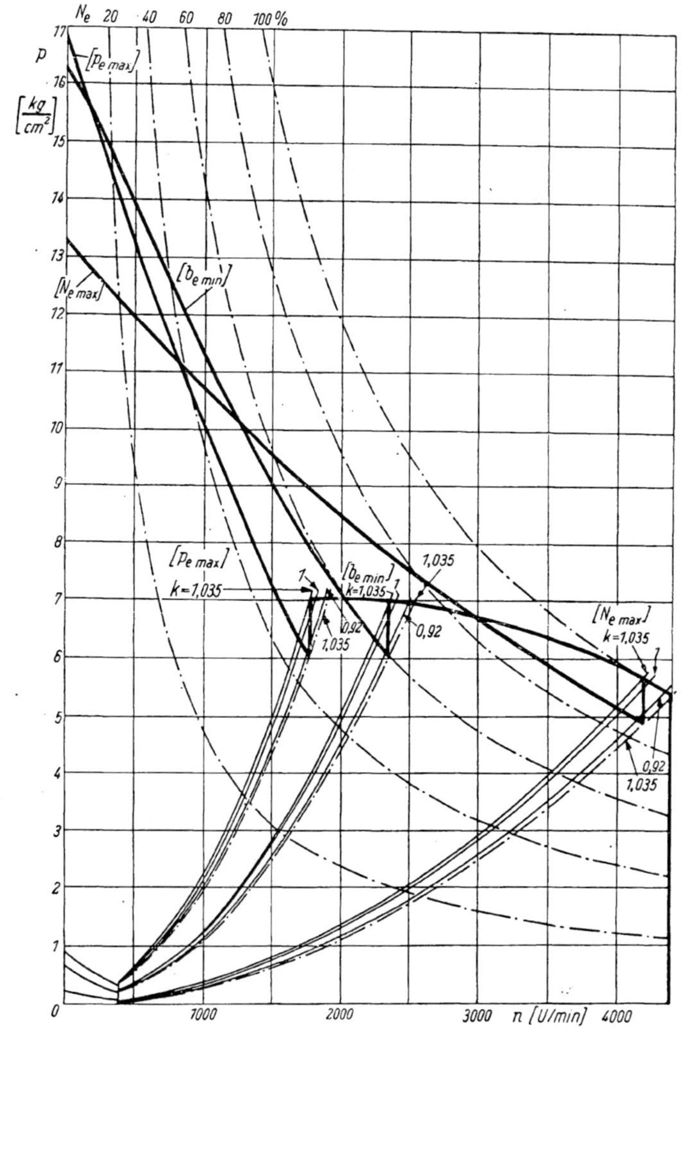

Abb. 35.
Antriebsdiagramm eines Ottomotors mit drei verschieden ausgelegten Föttinger-Wandlern

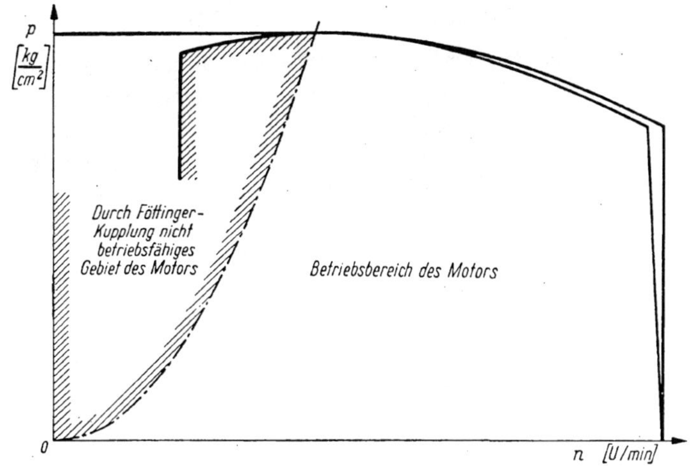

Abb. 36. Antriebsdiagramm eines Motors mit Föttinger-Kupplung

mit drei verschieden ausgelegten Föttinger-Wandlern die Kennlinien [21]. Für Synchronlauf ist dabei der Übergang auf direkte Kupplung vorausgesetzt. Dadurch ist für die Höchstleistung der direkte Antrieb maßgebend, womit beispielsweise α_i auf 1 absinkt. Für kleinere Drehzahlen sehen wir auch hier einen wesentlichen Drehmomentenanstieg.

Für den Motorenbetrieb ergibt sich als Hauptvorteil bei Verwendung von Föttinger-Organen die Ausschaltung der Betriebsbereiche kleiner Drehzahlen bei hohem Drehmoment, wie sie in Abb. 35 durch die Parabelscharen nach links abgegrenzt werden. Für den Wandlerbetrieb gelten dabei jeweils nur die schmalen Felder zwischen den beiden voll ausgezogenen Grenzparabeln mit den Bezeichnungen $k = 0{,}92$ bis $k = 1{,}035$, während die sich rechts anschließenden Betriebsbereiche nur durch die direkte Kupplung zusätzlich noch wirksam werden. Auch bei der Föttinger-Kupplung [22] wird nach Abb. 36 der Betriebsbereich des Motors links der Parabel ausgeschaltet. Die Motorenkennlinie verschiebt sich hier nur wenig durch die Kupplung. Wir finden also durch die Föttinger-Organe die kritischen Klopfbereiche vermieden, so daß es uns möglich ist, dann *entweder* die Verdichtung zu erhöhen *oder* aber die Motoren aufzuladen. Auf beiden Wegen läßt sich die Wirtschaftlichkeit erhöhen, so daß damit ein wirksamer Ausgleich für die Wirkungsgradverluste der Föttinger-Organe erzielt werden kann. Der Aufladungsbereich der Motoren, die mit Föttinger-Organen zusammenarbeiten sollen, ergibt sich also, wie in Abb. 37 gezeigt, mit dem Ziel der Beibehaltung der Eigenwandlung und natürlich auch hier unter Ausnutzung einer noch wirtschaftlich möglichen Drehzahlsteigerung.

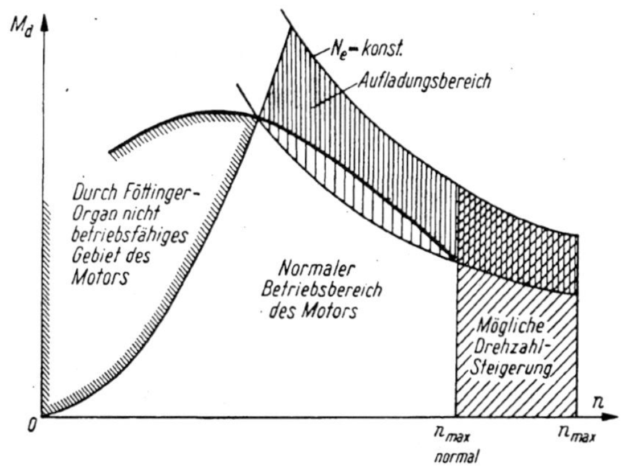

Abb. 37. Motorenbetriebsbereiche

Zusammenfassend erkennen wir also sowohl für die Gasturbinenantriebe als auch für Motoren mit Föttinger-Wandlern, daß sie im Sinne der reinen Eigenwandlungsfähigkeit, d. h. des Gleichleistungsbereiches, nicht ganz das halten, was man von ihnen zunächst erwartet hat.

3.3 *Föttinger-Wandler und Getriebestufung*

Der Vorteil, der sich über den Gleichleistungsbereich hinaus in dem Anstieg des Drehmomentes mit sinkender Drehzahl ergibt, bedeutet zwar eine erhöhte Stabilität in diesen Bereichen, wie es Abb. 38 zeigt, die aber auch bei normaler Charakteristik durch Umschalten in den jeweils kleineren Gang und Fortsetzung der Wandlung noch viel besser erreicht werden kann. Nur im ersten Gang geht dann der Bereich der aufgesetzten Spitze als Fahrmöglichkeit verloren. Wir sehen also, daß vor Einführung der Turbo-Antriebe sehr scharf kalkuliert werden muß, denn ein unbedingter fahrmechanischer Vorteil liegt dabei nicht vor.

Der Hauptvorteil für Ottomotoren in Verbindung mit Föttinger-Organen liegt offenbar in der oben erwähnten einfacheren Auflademöglichkeit.

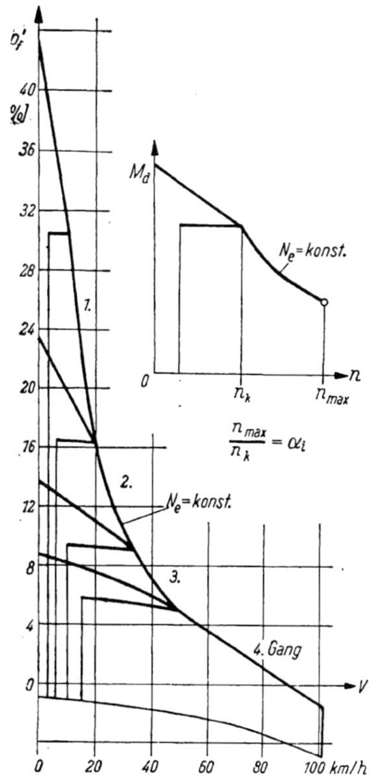

Abb. 38.
Normal-Fahrzustands-Diagramm für 2 verschiedene Antriebsdiagramme M_d, n,
oben rechts, mit und ohne Föttinger-Wandler

4. VOLKSWIRTSCHAFTLICHE BEDEUTUNG DER FAHRZEUGMOTOREN

Die Entwicklungsprobleme der Fahrzeugmotoren beziehen sich, technisch gesehen, zwar auf ein Spezialgebiet, das aber wirtschaftlich von außerordentlicher Bedeutung ist. Das zeigt sich daran, daß Anfang dieses Jahres der Weltkraftwagenbestand die 100-Millionen-Grenze überschritten hat. Es handelt sich dabei um 79 Millionen Pkw und 24 Millionen Lkw und Omnibusse. Nimmt man dabei im Durchschnitt 50 PS je Fahrzeug an, so ergibt sich eine installierte Leistung von rund 5 Milliarden PS oder rund 4 Millionen Mega-Watt. Demgegenüber sind in Kraftwerken nach verschiedenen Schätzungen zwischen 0,4 und 0,6 Millionen Mega-Watt in der Welt installiert, d. h. etwa $^1/_7$ bis $^1/_{10}$ der Fahrzeugmotorenleistung. Daraus ergibt sich, daß die Verbrauchs-Charakteristiken der Fahrzeugantriebe auch vom allgemein energiewirtschaftlichen Standpunkt aus von besonderer volkswirtschaftlicher Bedeutung sind.

LITERATUR

[1] JANTE, A.: Kraftfahrtmechanik, Teil 1.
B. B. Teubner Verlagsgesellschaft, Leipzig 1955.

[2] HOFMANN, K.: „Die Beeinflussung der Motorkennlinie von Zweitaktmotoren mit Kurbelkastenspülpumpe“ Abschn. 1.16 in: JANTE/HOFMANN: Über Verbrennungsmotoren und Kraftfahrwesen, Bd. II.

[3] JANTE, A.: „Kritik der Elastizitäts-Definitionen“ in: Entwicklungsrichtungen für die Fahrzeugmotoren-Kennlinien.
Kraftfahrzeugtechnik 1957, S. 248/49.

[4] JANTE, A.: Stand, Wertung und Planung der Getriebeübersetzungsverhältnisse.
ATZ 1935, S. 347–353.

[5] JANTE, A.: Die Kraftfahrzeugentwicklung im Spiegel der Fahrtmechanik.
Kraftfahrzeugtechnik 1951, S. 52–58.

[6] JANTE, A.: Der Übergang vom Kraftmaschinenregler zum Fahrzeugregler.
Kraftfahrzeugtechnik 1955, S. 265–266.

[7] JANTE, A.: Über Verbrennungsmotoren-Entwicklung.
Die Technik 1952, S. 9–18.

[8] JANTE, A.: Über die Ersparnismöglichkeiten der Zylinder-Register-Teillastregelung.
Kraftfahrzeugtechnik 1954, S. 35–39.

[9] JANTE, A.: Teillastverfahren für Verbrennungsmotoren, am idealen Seiliger-Kreisprozeß dargestellt.
Die Technik 1950, S. 1–8.

[10] HAUSER, G.: Teillastverfahren für Verbrennungsmotoren.
Kraftfahrzeugtechnik 1955, S. 98–104 und S. 139—145 und S. 178—185.

[11] WELIKANOW, D.: Einige Entwicklungsfragen des Kraftfahrzeugbaues in der UdSSR.
Kraftfahrzeugtechnik 1957, S. 365–369.

[12] LEUNIG, G.: Ergebnisse und Probleme der Hochverdichtung des Ottomotors.
MTZ 1951, S. 132–140.

[13] BRUNNER, M.: Versuche mit dem Thompson-Vitameter.
Ber. Nr. 16 der Schweiz. Ges. f. d. Studium der Motorenbrennstoffe, Bern.

[14] SCHNEIDER, K. W.: Dieselkraftstoff, Mengen- und Qualitätsprobleme.
ATZ 1954, S. 334–339.

[15] MEURER, S.: Das M.-A.-N.-M-Verfahren.
Sonderdruck aus dem MAN-Forschungsheft 1954, Maschinenfabrik Augsburg-Nürnberg AG, Nürnberg.

[16] JANTE, A.: Welche Bedingungen stellt der geringste Kraftstoffverbrauch an Motorencharakteristik, Getriebestufen und Schaltgrenzen?
ATZ 1942, S. 281–284.

[17] JANTE, A.: Der wirtschaftliche Übersetzungsverlauf stufenloser Getriebe.
Kraftfahrzeugtechnik 1952, S. 233–236.

[18] NALLINGER, F.: Vergleichende Betrachtungen über Antriebsquellen für Schwerlastkraftwagen.
VDI-Z 1955, S. 233–241.

[19] COSTE, D., und HUBER, R.: Développment récent des groupes à générateurs à pistons libres et turbines à gaz.
Bericht 246 G 1/25 der 5. Weltkraftkonferenz Wien 1956.

[20] JANTE, A.: Zur Beurteilung von Wärmekraftmaschinen für den Fahrzeugantrieb (sowie [7]).
Kraftfahrzeugtechnik 1954, S. 258–262 u. 298–301.

[21] JANTE, A.: Die fahrmechanischen Auswirkungen von Föttinger-Wandlern.
Kraftfahrzeugtechnik 1957, S. 44, 45, 129–132.

[22] JANTE, A.: Die fahrmechanischen Auswirkungen von Föttinger-Kupplungen.
Kraftfahrzeugtechnik 1956, S. 162–164, 202–205.

Die unter [5], [7], [8], [9], [17], [20] genannten Arbeiten sind auch enthalten in:
JANTE, A.: Über Verbrennungsmotoren und Kraftfahrwesen.
VEB Verlag Technik, Berlin 1956.

Die unter [2], [3], [6], [10], [21], [22] genannten Arbeiten sind auch enthalten in:
JANTE, A. HOFMANN, K.: Über Verbrennungsmotoren und Kraftfahrwesen, Bd. II.
VEB Verlag Technik, Berlin 1958.

TECHNISCHES ZENTRALBLATT

Im Auftrage der Deutschen Akademie der Wissenschaften zu Berlin
herausgegeben von Prof. Dr. phil. MAXIMILIAN PFLÜCKE

Im 7. Jahrgang erscheint:

ABTEILUNG IV

MASCHINENWESEN

Herausgeber und Chefredakteur: Prof. Dr. phil. MAXIMILIAN PFLÜCKE

Verantwortliche Redaktion:

Stellvertretender Chefredakteur: Dipl.-Ing. Werner Gebauer
und die Redakteure Dipl.-Ing. Eberhard Billeb und Dipl.-Ing. Hans-Ullrich Geske

Die Abteilung Maschinenwesen vermittelt den Stoff, über den Bericht zu erstatten ist, nach folgender Gliederung:

A. Allgemeines: Geschichte, Unterricht, Forschung / Dokumentation / Grundlagenwissenschaften / Theoretische Grundlagen / Gestaltungsfragen

B. Fabrikbetrieb

C. Werkstoffe, Hilfsstoffe, Betriebsstoffe des Maschinenwesens und deren Prüfung

D. Meßtechnik, Prüftechnik und Regelungstechnik im Maschinenwesen

E. Maschinenelemente und -bauteile, ihre Theorie und Fertigung

F. Bearbeitungs- und Formungsverfahren, Werkzeugmaschinen, Werkzeuge und Vorrichtungen

G. I. Fördertechnik

G. II. Pumpen, Gebläse, Kompressoren

G. III. Aufbereitungs- und Verarbeitungs-Technik

H. Heizungs-, Kälte-, Lüftungs- und Klimaanlagen, Trockenanlagen und Öfen, Wärme- und Kälte-Erzeuger

I. Kraftmaschinen

K. Verkehrstechnik, ihre Fahrzeuge, Maschinen und Einrichtungen

L. Feinwerktechnik, Optische Industrie, Medizinische Technik

M. Maschinen und Geräte für die Land-, Garten- und Forstwirtschaft, Viehwirtschaft und Fischereiwesen

N. Maschinentechnik in Anwendung bei anderen Industriezweigen: Energie- und Wasserversorgung / Chemische Industrie / Textilfaser-, Textil- und Bekleidungsindustrie / Bauwesen / Bergbau und Hüttenwesen / Kerntechnik / Sonstige Industriezweige

O. Unfallschutz / Ausstellungen und Tagungen / Patentwesen

Bibliographien · Buchbesprechungen · Patente · Schnelldokumentation · Schiffsliste · Lokomotivliste

Als Informationsorgan wird das „Technische Zentralblatt — Abteilung Maschinenwesen" besonders wertvoll sein für:

Werkzeugmaschinenbauer, Ingenieure des Kraftwerk- und Kraftmaschinenbaues, Ingenieure des Eisenbahn-, Automobil-, Wasser- und Luftfahrzeugbaues, der Feinwerk-, Meß- und Regelungstechnik, Konstrukteure für Förderanlagen, Verarbeitungsmaschinen, Heizungs- und Lüftungsanlagen, Landmaschinenbauer, ferner Fachleute auf den Gebieten des Fabrikbetriebes, der Wärmetechnik und der Strömungslehre

Erscheint einmal im Monat · Bezugspreis DM 240,— jährlich

Bestellungen durch die Deutsche Post oder eine Buchhandlung erbeten

A K A D E M I E - V E R L A G · B E R L I N

FSC
www.fsc.org
MIX
Papier | Fördert gute Waldnutzung
FSC® C083411

Zeitfracht Medien GmbH
Ferdinand-Jühlke-Straße 7
99095 Erfurt, Deutschland
produktsicherheit@kolibri360.de